# 森林草原消防装备

《森林草原消防装备》编委会 编

图书在版编目（CIP）数据

森林草原消防装备 / 《森林草原消防装备》编委会编 . -- 北京： 中国林业出版社，2023.7（2024.7 重印）
ISBN 978-7-5219-2271-4

Ⅰ.①森…Ⅱ.①森… Ⅲ.①消防设备 Ⅳ.① TU998.13

中国国家版本馆 CIP 数据核字（2023）第 141884 号

视频资源

策划、责任编辑　于界芬　吴卉　温晋　李丽菁　蔡波妮
数字编辑　于东越　孙源璞
插画绘制　MUMU
装帧设计　睿思视界视觉设计

出版发行　中国林业出版社
　　　　　（100009，北京市西城区刘海胡同 7 号，电话 010-83143542）
电子邮箱　books@theways.cn
网　　址　http://www.cfph.net
印　　刷　河北京平诚乾印刷有限公司
版　　次　2023 年 7 月第 1 版
印　　次　2024 年 7 月第 2 次印刷
开　　本　787mm×1092mm　1/16
印　　张　14
字　　数　150 千字
定　　价　68.00 元

# 森林草原消防装备

## 编委会

| | |
|---|---|
| **主　　任** | 王海忠　周鸿升 |
| **副 主 任** | 王高潮　曹运强　张利民 |
| **成　　员** | 刘广营　周志庭　吴占杰　孙　龙　刘晓东　王志成 |
| | 俞国畔　张宏伟　四　本　邢山肉　贝旭田　马王古 |

| | |
|---|---|
| **主　　编** | 王高潮　曹运强　田国恒　舒立福 |
| **副 主 编**（按姓氏拼音排序） | |
| | 陈剑华　陈忠加　崔同祥　张利民　郭延朋　哈云升 |
| | 剪文灏　刘广营　刘建立　孟凡军　王青松　王伊煊 |
| | 吴　松　张建立　赵久宇　周志庭 |
| **编写人员** | 陈　劭　郑嫦娥　谭月胜　于春战　张凯欣　邢　迪 |
| | 杜鸿业　朱　刚　白雪峰　刘肖飞　丁　赓　隋玉龙 |
| | 姚卫星　纪晓林　尤建民　程　旭　王玉峰　凌继华 |
| | 杨晶雯　李慧韬　于树峰　许雪飞　原民龙　王艳军 |
| | 支乾坤　田　野　代伊琦　关昊为　姚丽男　王天一 |
| | 曹　然　秦　爽　巩建新　李　军　李桂森　李艳红 |
| | 李峥晖　李金兰　李增利　李贺明　李宝东　李大勇 |
| | 吴彦强　张恩生　张海英　张　楠　李　娟　张　章 |
| | 肖志军　连红星　张　吉　周长虹　周庆营　陈永利 |
| | 孟晓华　郑长生　武英东　郑　颖　徐国山　高　姿 |
| | 田瑞松　唐　婧　崔立志　盖力岩　黄永梅　景艳斌 |
| | 绳亚军　谢　爽　穆　蕾　孟宪勇　张首国　朱秀娟 |
| | 窦宏海　方　旭　宋宏博　徐　满　李文轩　巩军权 |
| | 高昌海　李惠丽　陈雪峰　武　谨　张　云　王玉臣 |
| | 戚顺利　姚丽芳　张晓艳　张凤宇　孔令禹　马小辉 |
| | 聂永斌　王良骐　林峻山　李丹娇　张　露　李红京 |
| | 甘春艳　李利群　李玉洁　蔡为民　王鑫阳　常久阳 |
| | 刘志鹏　丁　锐 |

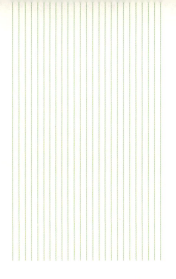

森林草原消防装备

# 前言

森林草原消防装备是森林草原消防专业队伍战斗力的重要组成部分，是预防扑救森林草原火灾、保护森林草原资源的物质基础和重要保障，在预防和扑救森林草原火灾中发挥着不可替代的作用。

森林草原消防装备在我国虽然起步较晚，但在短短不到40年的时间里，经历了从无到有、从小到大，基本形成了具有中国特色的森林草原消防装备技术产业群体。

1987年之前，我国的森林防火工作以群众性防火为主，扑火工具极为简陋，仅以树条、铁锹、水桶扑火，运输工具缺少，通信装备几乎为零，扑火靠人海战术，危险性极大。20世纪七、八十年代，因扑火群死群伤事件经常发生，给人民群众生命财产和国家森林资源安全造成极大危害，90%以上的大火都是因为扑火群众无法快速到达火场、手中简易工具无法控制火势而发生的。

20世纪90年代，林业主管部门重视和加大了扑火装备的研发生产，指导企业从引进仿制到自主创新、从手工作坊到机械化生产、从小型向大中型装备发展，多种森林消防装备不断推向市场，先后研发了风力灭火机、灭火组合工具，改造了灭火水枪、油锯等单兵扑火装备。到20世纪90年代末，专业森林消防队伍坚持以人为本，更加注重扑火战斗力的提升，加大了对讲机、电台、运兵车、灭火水车、指挥车和个人防护装备的配备，在需求牵引下，森林消防装备生产规模不断扩大，装备的安全性、可靠性和科技含量不断提升，充分发挥了森林消防装备在国土生态安全和森林资源保护方面的重要作用。

2001年以后，随着社会进步和科技发展，我国森林消防装备研发生产迎来了一个快速发展阶段。至2020年，基本形成了以水灭火装备为主，风、水、化、航空灭火，无人机应用，人工降雨多种手段综合运用，成体系提高防灭火能力的装备研发生产新格局。研发生产的各类防灭火装备已达到了十余类，200多个品种，直接生产企业百余家，产业集群基本形成。装备类别包括各类灭火装备、预警监测装备、通信装备、车辆装备、阻隔工程装备、防护装备、有人机、无人机、灭火新材料、防灭火软件等。装备的智能化、信息化、数字化水平也有了较大提升。2018年国家机构改革，草原部分管理职责由农业农村部划归到国家林业和草原局，草原灭火装备的研发和生产也随之开展。

但与发达国家相比，面对极端气候变化带来的风险与挑战，我国森林草原消防装备在使用规模和科技水平上，仍然存在较大差距。因此，根据新时代生态文明建设的新要求，各级林草管理部门应充分调动森林草原消防装备制造企业生产积极性，加强扶持力度，深化科技创新，推动卫星遥感、人工智能、大数据、云计算、5G、新材料等前沿技术在森林草原消防领域的应用，不断实现森林草原消防装备制造业转型升级。

本书立足于助推森林草原消防装备科技创新，力求为森林消防专业队伍和扑火队员提供一本集森林草原消防新技术、新装备、新材料的工具书和参阅读本，融专业性、科学性、知识性于一体，尽可能满足广大读者需求。

本书在编写过程中，得到了国内森林草原消防生产厂家、相关军工企业和河北省木兰围场国有林场的大力支持，以及北京林业大学工学院部分老师的积极协助。在此表示衷心感谢。本书也是河北省木兰围场国有林场庆祝建场60周年系列图书重要组成部分。

随着森林草原消防技术装备不断发展，今后我们将陆续更新相关装备内容，以飨读者。

编　者

2023年7月

森林草原消防装备

# 目 录

前 言

- **第一章  灭火装备**
  - 一、单兵轻型装备　　2
  - 二、灭火水泵　　18
  - 三、灭火弹发射器（灭火炮）　　32
  - 四、辅助灭火装备　　41

- **第二章  航空消防装备**
  - 一、有人机　　49
  - 二、无人机　　55
  - 三、无人机通信服务　　78
  - 四、无人机指挥中心　　83

- **第三章  车辆装备**
  - 一、灭火车辆　　90
  - 二、消防运兵车　　101
  - 三、后勤保障　　111

- **第四章  灭火通信装备**
  - 一、短波通信装备　　116
  - 二、超短波通信装备　　120
  - 三、无线自组网装备　　124

| | 四、卫星通信装备 | 129 |
| | 五、指挥通信车 | 146 |

● **第五章
预警监测装备**

| | 一、视频监测系统 | 150 |
| | 二、视频传输系统 | 157 |
| | 三、户外供电系统 | 158 |
| | 四、视频存储系统 | 159 |
| | 五、辅助设备 | 159 |
| | 六、监测预测预警系统 | 160 |
| | 七、指挥控制中心 | 170 |

● **第六章
防火隔离带开设装备**

| | 一、隔离带开带机（驾驶和遥控） | 176 |
| | 二、多功能开带机 | 180 |

● **第七章
应急救援装备**

| | 一、消防自救呼吸器 | 184 |
| | 二、防护面罩 | 186 |
| | 三、森林消防员防护头盔 | 187 |
| | 四、登山助力器 | 189 |
| | 五、净水装备 | 191 |
| | 六、应急救援帐篷 | 199 |

● **第八章
灭火新材料**

| | 一、新型灭火材料 | 202 |
| | 二、新型灭火装置 | 208 |

# 第一章
## 灭火装备

本章
视频资源

# 一 单兵轻型装备

本节
数字资源

　　单兵轻型装备是消防员随身携带，用于开设防火隔离带、防火通道、扑救林火的有效工具。

## ● 组合工具包

　　组合工具包是将便携二号工具、多功能防火耙、防火斧、手锯、野外工具刀、消防锹、野外救生绳集中放在专用工具包内，便于森林消防员背负或手提携带。主要用于防火队伍开辟隔离带、防火通道、上山灭火及驻兵训练。

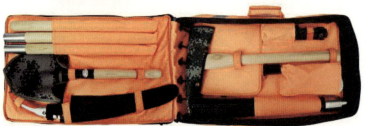

## 1. 二号工具

二号工具是由手柄和橡胶条组成的扑火工具，是扑打地面火、树冠火的有效工具，在林区里广泛使用。二号工具为四节连接方式，连接后整体长度≥2m，易存拿，易安装。

## 2. 多功能防火耙

多功能防火耙是用于灭火和清理易燃物的工具，通常由六齿和齿尖处的切割刀片组成。六齿设计使得防火耙具有较大的清理面积和强大的清理能力，能够快速清理草丛、枯叶等易燃物，开辟出较宽的隔离带和防火通道。齿尖处的切割刀片可以用于切割树枝、木材等障碍物，为消防人员和装备创造更大的通行空间。

## 3. 防火斧

防火斧是用于灭火和清理易燃物的工具，通常是一体成型的，具有镐斧双用功能。一体成型设计更加牢固和耐用，不易断裂或变形。镐斧双用的设计具有两种功能：可以用于挖掘和砍伐障碍物，也可以用于砍断树枝、木材等易燃物。

## 4. 手锯

手锯是常见的手动工具，用于切割木材、塑料、金属等材料。通常由刃、柄和锯齿组成。锯齿为大齿、三面锯齿，这种设计能够提供更高的切割效率和更平滑的切割表面：大齿的设计可以提高锯齿清屑能力，减少锯屑卡住锯齿的情况发生；三面锯齿的设计，则可以使锯齿更加锋利，提高切割效率。

### 5. 野外工具刀

野外工具刀是常见的户外工具，通常用于野外生存、露营、徒步旅行等活动中。考虑到使用环境的复杂性和多样性，野外工具刀的设计具备多种特点：刀刃抗腐蚀性强，以应对不同湿度、气候等环境下的使用需求；手柄具防滑纹理，以提供更好的抓握和控制力度，同时具备绝缘、耐腐蚀、耐磨等特点，以保证使用寿命和安全性。

### 6. 消防锹

消防锹的使用非常灵活，可以用于开辟隔离带、防火通道，也可以用于上山灭火、清理枯枝落叶等易燃物。在灭火行动中，消防锹是重要的工具之一，能够有效地提高灭火效率和安全性。

### 7. 野外救生绳

野外救生绳是一种用于户外探险、野外生存、救援等活动的工具，通常由尼龙材质和航空钢丝内芯组成，两头配备专业绳扣。野外救生绳的尼龙材质具有耐磨、抗拉、防水等特点，能够承受较大的拉力和压力，同时不易受到外界环境的影响。而航空钢丝内芯则能够提高救生绳的强度和稳定性，使得救生绳在使用时更加安全和可靠。

## ● 风力灭火装备

风力灭火装备是一种利用风机叶轮产生高速气流冲击燃烧物,分散燃烧热量,使燃烧物温度骤降至燃点以下并隔离火焰,破坏其继续燃烧的条件,实现灭火的机器。

### 主要结构组成

由动力机、风机和风筒组成。动力机驱动风机叶轮高速旋转产生气流,经风筒形成定向高速气流实现风力灭火的功能。动力多是重量轻、功率(动力)大的二冲程汽油发动机,有手提式和背负式两种。

### 适用场景

适用于扑打幼林或次生林火灾、草原火灾、荒山草坡火灾等,也可以适用于吹雪(铁路道岔、大棚、雪后未踩实道路等)。风力灭火装备单机扑火作用不大,多机配合可取得较好的效果。

但以下情况的林火不宜使用风力灭火装备:
- 火焰高度超过 2.5m 的火。
- 灌丛高度在 1.5m 以上、草本植物高度超过 1m 地区的火。这是因为草灌高超过 1m 时,由于视线不清,一旦着火,极其易燃,蔓延迅速,扑火人员撤离不及,容易发生人员伤害事故。
- 火焰高度超过 1.5m 以上的迎面火。
- 林中有大量的倒木、杂乱物。
- 只能灭明火,不能灭暗火。

森林草原消防装备

## 手提式风力灭火机

手提式风力灭火机

### 技术参数

| 发动机型式 | 风冷二冲程 |
|---|---|
| 燃油 | 汽油和二冲程机油的混合油,混合比例 25:1 |
| 功率 | ≥ 4.0kW |
| 转速 | ≥ 7050 转 /min |
| 有效风力灭火距离 | ≥ 2.3m |
| 一次加满油连续工作时间 | ≥ 25min |
| 启动方式 | 电启动和手启动 |

## 背负式风力灭火机

背负式风力灭火机

空滤器　机架　风机总成　操控总成　进气筒　化油器　吹风管　油箱　启动拉盘　消音器

### 技术参数

| 排量 | 79.9ml |
|---|---|
| 功率 | 4.26kW |
| 风量 | 1764 m³/h |
| 一次性加油连续工作时间 | 112min |
| 净重 | 9.2kg |

# 第一章 灭火装备

# 涡喷灭火机

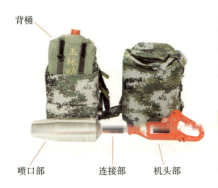

背桶、喷口部、连接部、机头部

涡喷灭火机
（风力）

高速涡流喷射灭火机是以涡轮喷气发动机为灭火动力产生气流灭火的大功率高效灭火机。加水后，还能形成细水雾，大大提高灭火效率。

## 性能特点

涡喷灭火机重量轻、出口风速高、水雾流量大、转速高、灭火距离远、操作简单、携带方便，是一种小型灭火工具。

## 技术参数

| | |
|---|---|
| 有效灭火距离 | ≥ 10m |
| 有效喷水量 | ≥ 8.5L/min |
| 喷水垂直高度 | ≥ 9.5m |
| 喷水水平射程 | ≥ 14m |
| 启动方式 | 电启动 |
| 燃油 | 柴油与机油混合 |
| 整备质量 | ≤ 5.5kg |
| 一次性加油连续工作时间 | ≥ 60min |

## 主要结构组成

包括喷射筒、背桶。喷射筒由喷口部、机头部、连接部、快速接头前后依次连接而成。

## 适用场景

适用于灌木林火、草原和林间地表火源，还可用于吹除积雪、冰冻等作业。

## 注意事项

- 未经专业培训禁止使用。
- 加油前，先要保证关掉发动机，并将油箱盖和附近区域擦干净，以防止污物进入油箱内。
- 放置好机具，小心地打开油箱盖，以使内部高压慢慢释放而不至于溅出燃油；使油箱盖朝上。
- 加油时，勿近火种，禁止在火烧迹地加油，应当离火场15m以上安全的距离。
- 将机具放在地上，确认常规工作范围及喷嘴附近无旁观者，用左手握紧机具的同时用一只脚抵住底板以防止其滑动。
- 启动时右手轻轻拉起动绳，直至感觉处于接合状态，然后快速用力拉动，不要一直将起动绳拉出，有可能发生断裂，应缓慢地将其导回到机壳中，以便起动绳很好地卷起来。
- 检查机具所有部件不会松脱，确保油门可自由移动。
- 起动发动机时必须离开加油点至少3m，而且只能在户外，不要在密闭房间内使用。
- 不要提着发动机起动。
- 穿着齐全身防护装备，严禁穿着皮鞋、凉鞋、尼龙化纤类服装背机具工作。
- 如同背包一样携带机具，在控制把手上用右手握紧和引导鼓风机管。
- 工作时应保持低速行走，且仅向前行，确保随时均可清晰观察喷嘴出口。
- 为降低受伤风险，切勿将气流朝向旁观者，以免气流吹起的小物体伤人。
- 小心障碍物，易被树根、沟渠、孔穴或垃圾等摔倒或绊倒。
- 务必在设备停用前关掉发动机。
- 工作结束后，关闭发动机让发动机冷却。
- 作业结束后将水箱余水排尽，防止冬季凝结。
- 短期存放时，应将油箱排空，放在干燥的地方，远离火种，直至再次使用。
- 作业间歇超过3个月，要把燃油箱排空并清洁，彻底清洁机具，特别是查看火花塞和空气过滤器是否用脏，如有脏物及时清洁，然后将机具存放于干燥处。

如遇到上述未提及的情况，请严格参照产品使用手册操作。

# 风水灭火机

风水灭火机是一种新型高效便携式森林灭火设备，除具有传统风力灭火机的特点，还具有喷雾功能，在火势较大时，只要打开喷雾水阀，就可以喷出水雾，给燃烧物降温，同时水雾可以将火焰和氧气隔绝，使火熄灭，达到灭火目的。

风水灭火机

## 技术参数

| 燃油 | 汽油和二冲程机油的混合油 |
|---|---|
| 发动机功率 | 4.5kW |
| 转速 | 8500 转/min |
| 有效风力灭火距离 | 1.9m |
| 最大喷水量 | 12.5L/min |
| 有效喷水距离 | 13m |
| 喷水垂直高度 | 9.5m |
| 装水方式 | 水囊（水囊必须位于发动机上面） |
| 装水容积 | 20L |
| 出水方式 | 水泵驱动出水 |
| 启动方式 | 手启动 |

### 主要结构组成

　　风水灭火机包括由发动机驱动的风机以及与风机连接的风筒，还包括水箱和供水管，供水管的一端连接在水箱底部，另一端与风筒前端相通。此外，还有一个引气管，引气管的一端与风筒相通，引气管的另一端伸入封闭的水箱。

### 适用场景

　　适用于扑救各种常规森林地表火、灌木林火和火场清理等。风水灭火机单机扑火作用不大，多机配合可取得较好的效果。

以下情况不宜使用风水灭火机：

- 火焰高度超过 2.5m 的火。
- 灌丛高度在 1.5m 以上、草本植物高度超过 1m 地区的火。这是因为草灌高超过 1m 时，由于视线不清，一旦着火，极其易燃，蔓延迅速，扑火人员撤离不及，容易发生人员伤害事故。
- 火焰高度超过 1.5m 以上的迎面火。
- 林中有大量的倒木、杂乱物。
- 只能灭明火，不能灭暗火。

　　风水灭火机使用的燃油多为机油和汽油混合而成的混合油，严禁使用纯汽油，禁止在火烧迹地加油。加油时，必须离火场 10m 以上。10m 以内，火的辐射作用较大，容易被火的高温引燃着火。

### 注意事项

　　同高速涡流喷射灭火机。

　　如遇到上述未提及的情况，请严格参照产品使用手册操作。

## ● 水灭火装备

水灭火装备是消防装备的发展趋势，具有效率高、拦截火头安全高效、清理火场彻底、投入人力少、安全系数大、成本低廉、无污染等优点，已成为世界发达国家广泛采用的重要技术手段。可燃物、氧气、火源被称为燃烧的三要素，火灾是三者相互作用的结果，只要隔离或破坏其中任何一个要素，就可以控制火灾并将其扑灭。以水灭火就是利用水受热转化为气态时，体积迅速膨胀同时吸收大量的热，从而有效稀释火场附近的可燃性气体并使可燃物温度降到燃点以下，促使燃烧停止。同时经过灭火机具加压后产生的水柱具有相当大的冲击力，这种机械作用能够破坏燃烧中可燃物的物理结构，使其与湿土混合，达到灭火的目的。

灭火行动中用到的一些轻型灭火装备，例如背负式水雾灭火枪、脉冲气压喷雾水枪等，对于次生林、低强度地表火、初发火等可实施直接灭火，且扑灭后不易复燃。其次，水枪可以配合风力灭火机扑救中低强度地表火，单枪或多枪与风力灭火机配合打开突破口，降低火强度，同时可增加可燃物的湿度，使余火不易复燃。

**以下情况不宜使用轻型灭火装备：**

- 在一些居民稀少、交通不便的偏远林区和地面消防设施、人员不易到达的火场，需要借助机械化灭火手段，如飞机洒水灭火等。
- 在一些火势较强的火场，依靠人力进行扑救存在很大风险，需要便携式长距离供水灭火装备，将水直接喷洒到火头、火线上对森林火灾进行扑救。

森林草原消防装备

## 脉冲气压喷雾水枪

脉冲气压喷雾水枪

脉冲气压喷雾水枪是利用压缩空气瞬间释放产生的极大动能，使空气与液体灭火介质（如清水）在毫秒量级时间内相互冲撞混合，经喷嘴加速后，突然膨胀雾化，瞬间喷射，产生高速度、高密度的超细水雾流，直达火源根部，集吹断、窒息、冷却3种灭火原理于一体，从而达到高效快速灭火的目的。

### 技术参数

| 喷射距离 | ≥ 19m |
|---|---|
| 贮水容量 | ≥ 12L |
| 贮气瓶容积 | 2L |
| 喷射出口速度 | 80～120m/s |
| 灭火性能 | 6A |

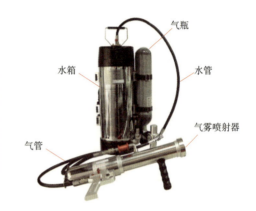

### 适用场景

适用于森林等自然环境的火灾初期，能够实现阻止火灾蔓延的作用。也适用于扑灭仓库、机场、石化、交通工具、商业场所及民宅的初期固体、气体和电器火灾。尤其在针对狭窄空间、地下、交通工具及小范围A、B、C类火灾的扑救更显其良好性能。它对抑制火势也非常有效。

### 注意事项

- 未经专业培训或操作不熟练者严禁使用。
- 每次使用前应进行气密性检查及安全检查。
- 严禁对准人或动物射击，以免造成伤害。
- 灭火剂在冻结或凝固状态下严禁使用。
- 严禁任意更换气瓶，更换后应进行气密性检查及安全检查。
- 定期对脉冲水枪安全阀、减压阀、压力表进行维护和保养。

如遇到上述未提及的情况，请严格参照产品使用手册操作。

第一章　灭火装备

## 消防泡沫发泡喷射装置

高性能泡沫灭火水枪与山地远程森林消防泵配套使用，具有轻便、超长时间泡沫药剂覆盖、操作简便等特点。

消防泡沫发泡装置泡沫效果

### 技术参数

| | |
|---|---|
| 枪头净重 | 2.6kg |
| 泡沫液容量 | 20L |
| 发泡倍数 | 5～20倍 |
| 工作或携带方式 | 背负式 |
| 发泡形式 | 自吸式风水发泡 |
| 发泡效果 | 干泡沫→湿泡沫可调 |

### 适用场景

适用于高效泡沫森林消防灭火作业和防火隔离带泡沫铺设。

### 注意事项

- 使用A类泡沫灭火剂，禁止使用凝胶类灭火剂。
- 设备每次使用完，需用清水进行再喷射冲洗下。
- 匹配的水泵需压力1.5MPa，流量150L/min以上。

储气式泡沫灭火枪

# 储气式泡沫灭火枪

## 性能特点

- 结构紧凑、操作方便，可实现快速、有效地灭火，重量轻、携带方便。
- 操作简单，低压工作，安全，通过手枪式开关阀控制，可连续和间断喷射。
- 泡沫灭火比水具有更快的控火和灭火速度，更有效使用水，减少浪费。
- 用于初期火情控制，机动灭火，清理余火。

## 技术参数

| 不锈钢水罐容积 | 12L |
|---|---|
| 高压碳纤维气瓶容积 | 3L（约供5罐12L水使用） |
| 最大射程 | 13m |
| 发泡倍数 | 4~8倍可调 |
| 净重 | 8.4kg |

## 适用场景

储气式泡沫灭火枪是一种快速反应、高效的单兵灭火装备，最适合最先到达事故现场的队伍使用。当水泵和水带架设未完成前，可用于控制火场，如小火便可扑灭。适用于进入相对困难的区域，也可用于清理余火和监控复燃时使用。原理是把空气注入添加泡沫液的水内，发泡喷射距离达13m，高达10m，覆盖面积大，12L的混合液能覆盖200m²以上，灭火能力强，可达水的10倍，停留在植被和树上可达半小时。可用于直接灭火和间接灭火（建立隔离带）。

# 背负式高压细水雾灭火水枪

背负式高压细水雾灭火水枪采用灭火先进的高压直喷式雾化技术，大大地提高了水的利用率。伸缩式水枪可使扑火队员远离火源，从而更好地保护了扑火队员的生命安全。同时实现了喷水和吸水的自由转换，不但降低了取水的劳动量，还方便扑火队员在陡坡处用水枪直接吸水。以普通水为灭火剂，避免了用其他化学试剂对环境破坏。

高压细水雾灭火水枪

## 技术参数

| 有效水平射程 | ≥ 8.5m |
|---|---|
| 有效垂直射程 | ≥ 6.6m |
| 每袋水连续喷射时间 | ≥最小 5.8min |
| 水袋容积 | ≥ 20L |
| 发动机 | 单缸、风冷、四冲程 |
| 功率 | ≥ 8Hp*/7000（rpm/min） |
| 油箱容积 | ≥ 0.65L |
| 起动性能 | ≤ 8s |

## 适用场景

适用于森林、草原、各种建筑物等的灭火。在使用中基本不受场所和燃烧物的限制，可灭 A 类、B 类、C 类及带电设备火灾。

## 注意事项

- 没有切断电源的火灾现场不能用水灭火，否则极易造成触电或短路等意外事故。因为一般水里都含有电解质，会传导电流。
- 对于比水轻又不与水混溶的液体物质（如汽油、煤油、苯等），不能用水扑灭，因为这些液体会浮到水面继续燃烧。
- 对于在钾、钠、电石等能与水发生剧烈反应的物质场所，不能用水去灭火。这些物质与水反应分解出可燃气体和大量热量，从而加剧燃烧。
- 不能直接用于低温状态的低温液化气（如液化的天然气）场所，这些液化气被水加热后会产生剧烈沸腾。

---

*1Hp = 0.735kW。

## 泡沫式灭火水枪

背负式泡沫灭火机

泡沫式灭火水枪是以汽油机为动力源,驱动高压水泵,将水和环保型泡沫灭火剂喷出,通过泡沫层的覆盖、冷却和窒息等作用,实现对火灾场所进行灭火保护。

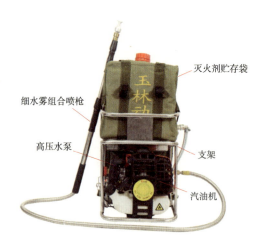

### 技术参数

| | |
|---|---|
| 发动机 | 2.0kW/7000（r/min） |
| 喷雾水平射程 | ≥9.1m |
| 喷射垂直射程 | ≥6.4m |
| 最大喷雾量 | ≥9L/min |
| 喷泡沫距离 | ≥8.5m |
| 最大喷泡沫量 | ≥8L/min |
| 启动性能 | ≤7s |
| 整机配备 | 水囊2只、泡沫液500ml |
| 灭火级别 | ≥1A 55B |

### 适用场景

适用于 A 类固体火灾，如木材、棉布等固体物质；B 类物质如汽油、柴油、煤油、植物油等初起火灾；E 类低压带电设备火灾，如电脑系统主机室、一般的小型设备。

### 注意事项

- 未经专业培训或操作不熟练者严禁使用。
- 在结构上与高压细水雾灭火水枪类似，操作注意事项可参照高压细水雾灭火水枪。
- 选用的泡沫液的混合比应与混合器上混合比相符，否则会影响发泡效果，使灭火性能下降。
- 不同牌号不同生产厂家的泡沫液不得混杂使用，否则会造成泡沫液固化或凝胶现象而使泡沫液失效。
- 泡沫液贮藏时间较长时，应抽样检验，如失效变质则应及时调换。
- 混合后的灭火剂应避免阳光直射，并贮藏在温度变化小的场所，防止空气直接接触。

如遇到上述未提及的情况，请严格参照产品使用手册操作。

## 二　灭火水泵

本节
数字资源

泵是一种用以输送液体及使液体增压的机械，通常把提升液体、输送液体或使液体增加压力，即把输入的原动机的机械能转换为液体能量的机器称为泵。灭火水泵顾名思义，消防上用的泵，是安装在消防车、固定灭火系统上，用作输送水或泡沫溶液等液体灭火剂的专用泵。

（1）涡轮离心水泵是通过叶轮的旋转使水产生离心力来工作的。水泵在启动前，必须向泵壳和吸水管内注满水，然后启动电机，使泵轴带动叶轮和水做高速旋转运动，水在离心力的作用下，被甩向叶轮外缘，经蜗形泵壳的流道流入水泵的压水管路，由于水在离心力的作用下被甩出后导致叶轮中心部位形成真空，在大气压力的作用下水池中的水就被压进泵壳内，叶轮通过不停地转动，使得水在叶轮的作用下不断流入与流出，就实现了水泵抽水的目的。

（2）柱塞水泵的工作原理十分简单。当柱塞向下移动时，柱塞腔内的压力会降低，进口阀门会自动打开，将液体引入柱塞腔。当柱塞向上移动时，柱塞腔内的压力会升高，出口阀门会自动打开，将液体从柱塞腔中排出。由于柱塞与柱塞腔内壁紧密贴合，所以液体无法倒流，从而实现了正向位移。

**适用场景**

适用于扑救地表火、地下火、树冠火，也可用于清理火场。利用周围存在的水源进行灭火，灭火方法与风力灭火、化学灭火相比，更加高效实用。

## ● 便携式水泵

便携式水泵是将发动机、水泵安装在一个机架上，形成一种便于携带的泵站。发动机带有高温自动保护装置、启动过流自动保护功能、无水保护功能、超速保护功能。背架配备全方位保护框架，可使水泵在各个方向都可安放，设备设有便于提拿的把手，可立、可卧、可侧方位存放，背架采用不锈钢耐腐材质。具有重量轻、体积小、扬程高、流量大、便于携带等特点。

# FOREST460 便携式森林消防泵

### 技术参数

| | |
|---|---|
| 最大功率 | 10 Hp |
| 整机质量 | 12.4kg |
| 最大扬程 | 264m |
| 最大吸水深度 | 6.5m |
| 最大射程 | 36m |
| 最大流量 | 324L/min |
| 发动机冷机启动性能 | 5s |
| 燃油箱容量 | 12L |
| 连续工作时间 | ≥ 24h |

进水口
出水口
发动机

## 适用场景

适用于山区交通不便、水源充足的地方灭火需要，也适合于中小城镇、农村、厂矿等消防车不能及时到达或无法深入到火灾中心的消防，具有移动便捷、灭火迅速、高效输送液体、能长时间连续运行、冷启动迅速、可串并联组合使用等特点，是森林消防队伍必不可少的理想装备。

## 注意事项

- 未经专业培训或操作不熟练者严禁使用。
- 在运行过程中，最高温度不得超过 80℃。
- 向消防泵轴承体内加入轴承润滑机油，观察油位应在油标的中心线处，润滑油应及时更换或补充。
- 尽量控制消防泵的流量和扬程在标牌上注明的范围内，以保证消防泵在最高效率点运转，才能获得最大的节能效果。
- 消防泵在寒冬季节使用时，停车后，需将泵体下部放水螺塞拧开将介质放净，防止冻裂。
- 消防泵操作人员须再次确认出水口及水带是否接合妥当，防止加压送水时水带接头脱落伤人，操作时应避免站立于出水口正前方，适当位置为侧身操作。

如遇到上述未提及的情况，请严格参照产品使用手册操作。

# 轻型森林消防水泵

轻型森林
消防水泵

　　轻型森林消防水泵是一种轻型（小于10kg）的接力森林消防水泵，既便携亦可车载。扬程大于68m，性能稳定，可长时间工作，能接力使用。

## 技术参数

| | |
|---|---|
| 发动机 | 2冲程，2.4Hp，风冷 |
| 水泵 | 单级铝合金离心泵 |
| 最大流量 | 286L/min |
| 最大扬程 | 87m |
| 重量 | 9.4kg |
| 外形尺寸（长×宽×高） | 34cm×28cm×32cm |

## 适用场景

　　适用于作为靠近火线的加压泵。

## 背负式森林消防水泵

背负式森林消防泵是一种便于携带、使用方便性能可靠、操作简单的灭火工具,由一台发动机带动一台高压水泵,可将水送至60m的高度。

### 性能特点

采用8Hp二冲程汽油发动机,具有大流量、高扬程,可直接进行高山灭火,也可作为水源泵为其他装备提供持续水源实现远程供水和接力供水特点。

### 技术参数

| 发动机 | 二冲程汽油发动机 |
|---|---|
| 功率 | 8Hp |
| 泵 | 单级离心式消防泵 |
| 最大工作压力 | ≥ 2.0MPa |
| 最大流量 | ≥ 240L/min |
| 最大扬程 | ≥ 170m |

### 适用场景

适用于森林灭火中远距离输送水源到火场进行灭火,同时由于压力大、流量大,亦适用于乡镇、社区自带水箱的消防车作为其火场灭火的机具。

**注意事项**

- 未经专业培训或操作不熟练者严禁使用。
- 在运行过程中,最高温度不得超过 80℃。
- 向消防泵轴承体内加入轴承润滑机油,观察油位应在油标的中心线处,润滑油应及时更换或补充。
- 尽量控制消防泵的流量和扬程在标牌上注明的范围内,以保证消防泵在最高效率点运转,才能获得最大的节能效果。
- 消防泵在寒冬季节使用时,停车后,需将泵体下部放水螺塞拧开将介质放净,防止冻裂。
- 消防泵操作人员须再次确认出水口及水带是否接合妥当,防止加压送水时水带接头脱落伤人,操作时应避免站立于出水口正前方,适当位置为侧身操作。
- 当压力显示低于充装压力时,应进行补压。定期进行整体检查,如发现各连接处有泄漏,喷头有堵塞或损伤影响正常喷射,应及时修理。

如遇到上述未提及的情况,请严格参照产品使用手册操作。

接力森林消防水泵

## 接力森林消防水泵

接力森林消防水泵具有体积小、重量轻、压力大、适应复杂地形、携带方便、操作简单等特点，可长时间高强度工作。水泵扬程高和流量稳定，具有高强吸水管、可缓冲背压，可配置湿式自保水带过火线，不易燃烧。具有手拉启动、一键式电启动两种启动方式，并配有易启动装置，能消除启动的反作用力和加快冷启动的速度。

### 技术参数

| | |
|---|---|
| 发动机 | 二冲程，8Hp，风冷 |
| 水泵 | 三级铝合金离心泵 |
| 最大流量 | 384.5 L/min |
| 最大扬程 | 161m |
| 重量 | 15kg |

### 注意事项

- 未经专业培训或操作不熟练者严禁使用。
- 第一次使用磨合期 5～10h，须更换机油，否则磨合期机油箱内的杂质会卡死曲轴。
- 四冲程汽油机油箱加 90# 以上汽油，箱体加机油，每次使用前请检查机油油位。
- 汽油机连续工作时，曲轴箱温度不能超过 90℃，过热时应停机 15～20min 后可继续工作，必须冷却后再添加汽油。
- 汽油机禁止在高转速下停机，应将油门降至最低时停机。
- 机油要使用正确型号、正厂产品、清洁的机油。汽油也要使用无杂质汽油。
- 空滤器滤芯要定期检查，定期更换，脏滤芯用肥皂水清洗阴干后使用。
- 如长期不使用，请勿直接关闭汽油机开关，消耗完化油器内的汽油后再关闭油门开关。
- 火花塞需定期检查和清理积碳。

如遇到上述未提及的情况，请严格参照产品使用手册操作。

# 柱塞式消防水泵

高压柱塞泵可对应用介质进行增压,实现远距离输送。高压水通过喷射部件的作用可实现清洗、冲洗、高压疏通、水喷砂、水切割、液力压裂、注水、冷却、喷雾、喷淋等功能。可广泛应用于市政、环卫、煤矿、采掘、海事、化工、食品、酿造、农业、养殖、铸造、冶金、石化、电厂、公路、建筑、军事、机场、防疫、消防等行业及领域。

## 技术参数

| 流量 | ≥ 2L/min |
|---|---|
| 功率 | 8Hp |
| 最高进水温度 | 50℃ |

## 注意事项

- 未经专业培训或操作不熟练者严禁使用。
- 调节两条皮带成一条直线,松紧要适中。
- 将每个管子的接头锁紧以防止泄露。
- 启动发动机前关掉泵的出水开关,松开调节螺丝,将调压把手拉到顶端。
- 启动发动机带动本机,保持适当转速,并将调压把手压倒底端,调节调压轮将压力保持在适当范围内。
- 结束操作前将调压把手拉到顶端,换清水操作,将残留灭火剂排除。
- 使用前一定要注入机油,严禁在机器缺机油的情况下开机使用。
- 汽油容易起火及爆炸,加油前请关闭汽油机,并使之冷却。
- 请勿在密封的空间运转汽油机。
- 严禁在高速状态下急速停止。

如遇到上述未提及的情况,请严格参照产品使用手册操作。

## • 山地引水泵

## 手抬式灭火水泵

　　手抬式灭火水泵具有大流量，高扬程，可直接进行高山灭火，也可作为水源泵为其他装备提供持续水源实现远程供水和接力供水。

### 技术参数

| 发动机 | 四冲程汽油发动机 |
|---|---|
| 功率 | 14Hp |
| 泵 | 单级离心式消防泵 |
| 引水方式 | 隔膜泵引水 |
| 最大工作压力 | ≥ 1.7MPa |
| 最大流量 | ≥ 720L/min |
| 最大扬程 | ≥ 200m |
| 启动 | 电启动、手启动及远程遥控启动 |

### 适用场景

　　适用于森林草原灭火，也可用于城市排涝，具有灭火迅速、拦截火头安全高效等特点，是森林消防以水灭火必备的理想装备。

## 中型高压森林消防水泵

中型高压森林消防水泵是一种高扬程（大于250m）的森林消防专业高压水源泵，适合作为水源和接力水泵，在水源地往前方供水，配备各种快速接头可与消防栓、消防车辆及其他水泵进行并串联作业。适用于水源地给其他设备供水用效果更佳。与消防水罐车接力，配备三通阀，入口65mm和2个出口40mm。有手拉启动、电启动可选，具有动力强大、高扬程和流量、高稳定性等特点，可长时间工作。可接力使用，无限距离提供水。电启动装置有发电功能，可为手机、对讲机充电和照明。

中型高压森林消防水泵

### 技术参数

| | |
|---|---|
| 发动机 | 风冷2冲程，10Hp，可电启动和手启动防超速保护 |
| 水泵 | 四级铝合金离心泵 |
| 最大流量 | 379L/min |
| 最大扬程 | 260m |
| 重量 | 31kg |

### 适用场景

适用于水源地给其他设备供水，可用于各种复杂地形，全天候实施作业。

## 森林消防远程输送高压泵组

KD487 背负式远程输送高压森林消防泵组

KD16010 手台车载式远程输送高压森林消防泵组

森林消防远程输送高压泵组搭载静态涡轮增压发动机（此项技术独创国内外领先水平），发动机加装散热片散热装置，静态涡轮增压发动机在同排量下增加 1.5 倍以上的动力，在同等流量和扬程的情况下，比安装普通发动机的泵组轻一倍以上的重量。在高原地带不会因为缺氧导致动力损失，多点立体式散热结构可长时间保证机油的黏稠度，可长时间运转 100h 以上，无须停机降温，不会造成拉缸、爆瓦、过热缺氧熄火、动力不足等现象。具有重量轻、扬程高、流量大的特点。

泵组配备了行星减速机，在正常工作下，反而有助于发动机动力输出。水泵采用多缸液压柱塞隔膜泵，无须注水、抽真空，自吸能力强劲。水泵实现了油水分离的工作原理，砂石泥浆都可通过。灭火剂自动配比系统，配比精确，可调比例，水流平稳，不削弱水泵的流量和压力。

KD48/7 背负式远程输送高压森林消防泵组

KD160/10 手台车载式远程输送高压森林消防泵组

## 技术参数

| 产品名称 | KD48/7 背负式远程输送高压森林消防泵组 | KD160/10 手台车载式远程输送高压森林消防泵组 |
|---|---|---|
| 泵组重量 | 13kg | 72.5kg |
| 最大流量 | 41L/min | 160L/min |
| 最大射程 | 19m | 33.4m |
| 最大吸程 | 7m（无需注水及抽真空） | 7.3m（无需注水及抽真空） |
| 进水口直径 | 25mm | 40mm |
| 出水口直径 | 25mm | 40mm |
| 远程输送 | 30km（30 以上） | 30km（30 以上） |
| 启动方式 | 集成式手/电双启动 | 手、电双启动 |
| 发动机转速 | 8600rmp | 4200rmp |

## 适用场景

适用于在发生森林草原火灾时就近取水灭火。无论江河湖泊、储备池罐、消防水车等都可作为水源灭火，减少寻找清澈水源及等待水车时间。该泵组可作为远程输送水源泵，配合其他在高山上用水设备，也可直接装枪灭火，射程远、流量大、扬程高、重量轻，能快速灭火，并为消防人员安全带来保障。

森林草原消防装备

车载大流量灭火水泵

## 车载大流量灭火水泵

大流量水泵适应于多种工况，可车载、可手抬式灭火水泵采用轻型汽油机或柴油机和消防泵系统配套组成。随车人员不足以及纵深较长的情况下，可以简单便捷地铺设快速出水的供水线路。

### 技术参数

| | |
|---|---|
| 水泵类型 | 单泵单级离心泵 |
| 引水方式 | 真空泵旋片式引水 |
| 最大吸深 | 9m |
| 引水时间 | 10.45s（需在检测报告体现） |
| 口径 | 进水口口径65mm、出水口口径65mm |
| 额定压力 | 0.55MPa |
| 额定流量 | 工况一：400L/min@0.65MPa；工况二：600L/min@0.55MPa；工况三：1000L/min@0.35MPa |
| 最大流量 | 60T/H |
| 扬程 | 65m |
| 发动机类型 | 单缸、四冲程、卧式、风冷、汽油 |
| 最大输出功率 | 13ps（9.6kW） |
| 点火方式 | 晶体管电子点火 |
| 重量 | 56kg |
| 尺寸（长×宽×高） | 565mm×560mm×530mm |
| 油箱 | 6.5L 带油位显示计 |
| 启动方式 | 手拉绳启动、电启动 |
| 机架 | 碳钢机架，360°铝镁合金可旋转手柄 |

### 适用场景

适用于应急消防领域，也可灌溉供水。由于水泵具有轻便灵活，不受交通、电力、区域的障碍限制等优点，已广泛用于地表火、树冠火、地下火扑救；在灭火方式上，可用于直接灭火和预设隔离间接灭火；在扑火过程上，可用于扑灭明火、清理火场以及向灭火人员供水扑火。

## 三 | 灭火弹发射器（灭火炮）

本节
数字资源

### ● 灭火炮

#### 机载多管灭火炮

机载脉冲气
压喷雾水炮

常用机载多管灭火炮为机载脉冲气压喷雾水炮。搭载 50L 喷射量脉冲水炮，可在巡察过程中发现着火点，特别是树冠火、悬崖火，可迅速控制火情和灭火。灭火面积可达 $1200m^2$。

**技术参数**

| | |
|---|---|
| 最大喷射距离 | 60m |
| 有效灭火距离 | 10～45m |
| 水箱容量 | 2000～2500L |
| 开炮控制 | 遥控操作 |

**适用场景**

适用于森林草原火灾、液体火灾（液体火灾的情况下，通常使用泡沫灭火剂）、大面积场地火灾、电气火灾。

可应用于林业、石油化学、后勤、海事、汽车、贸易展览会、露天活动、矿业、露营地、反恐和防暴、消防队等领域。

# 车载脉冲气压喷雾水炮

车载脉冲气压喷雾水炮在将水炮抬升到一定高度时，可上下左右调节水炮的角度，极大地增加了水炮的喷洒范围，并且不需要消防人员手持水炮进入火场，也保证了消防人员的人身安全。具有威力大、灭火效率极高、充分利用所携带的水或灭火剂高效灭火的特点，12L 以上大喷射量的车载脉冲水炮使用脉冲雾化灭火技术，能够使携带的有限的灭火剂发挥其最大的灭火能力，单炮覆盖面积可达 200m² 以上，为开阔地带、水源匮乏区域的火灾提供了一种行之有效的方法。搭载 5L 喷射量脉冲水炮，灭火面积可达 150m²；搭载 50L 喷射量脉冲水炮，灭火面积可达 1200m²。

车载脉冲气压喷雾水炮

### 技术参数

| 炮口出水速度 | 120m/s |
|---|---|
| 喷射距离最大 | 80m |
| 有效灭火距离 | 10~60m |
| 水箱容量 | 2000~2500L |
| 开炮控制 | 遥控及手动操作 |

### 主要结构组成

主要由炮体、火源探测和自动瞄准发射执行机构、减震装置、水箱及自动上水装置、高压气瓶及相应管件构成。

### 适用场景

适用于森林草原火灾、液体火灾（液体火灾的情况下，通常使用泡沫灭火剂）、大面积场地火灾、电气火灾。

可应用于林业、石油化学、后勤、海事、汽车、贸易展览会、露天活动、矿业、露营地、反恐和防暴、消防队等领域。

### 注意事项

- 未经专业培训或操作不熟练者严禁操作。
- 根据需灭火点调节好摇摆幅度和射流以及仰角角度，调节幅度、射流、仰角时要细致、协调、科学。
- 将水炮置于受灾现场适当位置，并连接上消防水带出水。
- 供水压力必须保持在 0.4MPa 以上。
- 进入灾害现场人员必须着相应的防护装备，防止受伤。
- 尽量避免水炮受到任何外界因素影响，防止损坏。
- 完成任务后必须仔细清洗水炮及擦拭干净。

如遇上述未提及事项，请严格参照相关产品使用手册操作。

# 单兵灭火炮（灭火弹发射器）

单兵灭火炮是一种森林草原消防队员可单兵携带、通过发射的方式将灭火弹投掷到火点的灭火装置。由发射架和灭火弹组成，发射架是地面支撑遥控式。

发射架

一种地面支撑式 MXF 遥控式远程森林灭火装备能实现远程无阻隔遥控操作，灭火弹采用双保险密码启动，增强了作业人员的安全性。整套装备质量轻，可拆卸，投入使用仅需 3~5min。

灭火弹的灭火剂有干粉和水基两种：干粉灭火弹可有效压制火势，水基灭火弹具有显著的阻燃效果。

**技术参数**

| 弹径 | Φ120mm | Φ82.5mm |
|---|---|---|
| 灭火火箭长度 | 1208mm（干粉）、1136mm（水基） | 火箭长度：696mm |
| 火箭质量 | 9.2kg | 3.2kg |
| 射程 | ≥1km | ≤0.2km |
| 灭火剂质量 | ≥4.5kg 水基、干粉 | ≥1.4kg（水基）≥1.2kg（干粉） |
| 灭火剂抛洒半径 | ≥7m（抛洒面积约150m²） | ≥6m（抛洒面积约100m²） |
| 发射架全重 | ≤22kg | ≤19kg |
| 发射方式 | 无线遥控 | 无线遥控 |
| 遥控距离 | ≤50m | ≤50m |

**适用场景**

适用于对高山坡陡、悬崖峭壁等消防员无法靠近等复杂地形条件下的初期火、地表火、灌木火实施远程快速扑打压制，解决人与火的近距离接触，避免消防人员伤亡事故的发生。

## 分体快装脉冲气压喷雾水炮

分体快装脉冲水炮

脉冲气压喷雾水炮是应用脉冲喷雾灭火机理研制的便携式灭火装备，以水为基本灭火介质，也可以在水中加入发泡剂，适用于多种火灾的扑救工作。运行原理是利用压缩空气瞬时释放产生的极大动能，使空气与液体灭火介质（如清水）在毫秒量级时间内相互冲撞碾碎，经喷嘴加速后，瞬时喷射，产生高速度、高密度的超细水雾。

一种3L型分体快装脉冲水炮是专门针对树冠火灾而专门研制的，主要由炮体、气瓶及连接管路、炮架和中间水囊、座钣和自动上水系统四部分组成，可由4人一组背负至着火点附近快速组装，迅速建立灭火工事，遥控调整发射角度、上水和发射，同时也可作为保护重点区域的防御工事。灭火面积可达80m²。

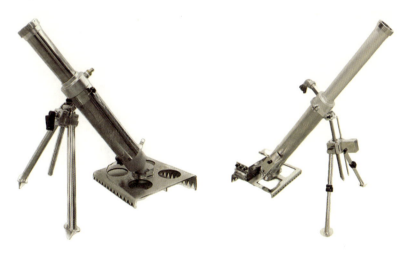

### 技术参数

| | |
|---|---|
| 水炮容量 | 3~5L |
| 工作压力 | 2.5MPa |
| 炮口出水速度 | 120m/s |
| 喷射距离 | >40m |
| 有效灭火距离 | 10~25m |
| 开炮控制 | 远程遥控 |

**注意事项**

- 未经专业培训或操作不熟练者严禁操作。
- 远距离实施灭火作业,避免人与火的直接对抗,保障消防人员生命财产安全。
- 山高坡陡、悬崖帽壁、消防人员无法靠近等地形的远距离快速扑打。
- 进入灾害现场人员必须着相应的防护装备,防止受伤。
- 尽量避免水炮受到任何外界因素影响,防止损坏。

如遇上述未提及事项,请严格参照产品使用手册操作。

## ● 人工降雨火箭炮

车载发射火箭发射系统主要应用于人工降雨。森林草原常用的人工降雨火箭炮为 WR 系列增雨防雹火箭系统，该系统主要由动力装置、催化剂播撒装置、安全着陆系统和稳定尾翼等组成。

整个作业系统在气象雷达系统的导引下，将携带高成核率 AgI 催化剂的火箭迅速发射到作业云层的关键部位，采用高效燃烧模式播撒人工晶核，形成三维空间催化带，对作业云层进行催化，从而影响云的微物理结构，以达到增加降水或减弱、消除冰雹等自然灾害的目的。

### 性能特点

增雨防雹火箭具有焰剂携带量大、成核率高、核化速率快、催化强度高、操作维护简单、可全天候作业等特点。降落伞式安全回收，安全可靠。该系统是新一代人工影响天气的作业工具，可大规模实施人工增雨、防雹等项目作业。

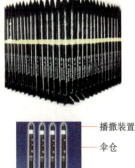

播撒装置
伞仓
发动机
尾翼

### 技术参数

| 名称 | WR-1D 增雨防雹火箭 | WR-98 增雨防雹火箭 |
|---|---|---|
| 箭径 | Φ82mm | Φ57mm |
| 箭长 | 1450±5mm | 1100mm |
| 总质量 | 8.3±0.3kg | 4.3kg |
| 射高（85°） | 8.0km | 6.0km |
| 焰剂携带量 | 630±30g | 220g |
| AgI 成核率（-10℃） | $1.8 \times 10^{15}$/gAgI | $1.8 \times 10^{15}$/gAgI |
| 残骸落速 | ≤8m/s | ≤10m/s |
| 成功率 | ≥99% | ≥99% |
| 发射架类型 | 笼式发射架 | 筒式发射架 |
| 作动方式 | 手动、自动 | 手动、自动 |
| 发射架通道数 | 4通道、6通道、混合式 | 4通道、混合式 |
| 发射架类型 | 地面固定、车载、船载 | 地面固定、车载、船载 |
| 发控器类型 | 有线、无线 | 有线、无线 |

### 适用场景

广泛应用于人工增雨雪、防冰雹、森林防火、生态环境修复、减灾防灾、重大活动气象保障等。

### 注意事项

- 未经专业培训或操作不熟练者严禁使用。
- 轻拿轻放，防止跌落或碰撞。
- 严禁拆卸和解剖火箭，以防发生危险。
- 若不立即发射时，必须关闭控制器电源，短路火箭点火触片或点火插头。
- 火箭装填、剩余火箭退架，必须在发射控制器电源关闭下进行，对退架火箭应将点火触片或点火插头的短路铜箔带贴回。
- 发射前，必须做好空域的申报和审批。

如遇上述未提及事项，请严格参照产品使用手册操作。

## 四 辅助灭火装备

本节
数字资源

## 单兵越野助力牵引车

单兵越野
助力牵引车

### 性能特点

单兵越野助力牵引车是一种面向消防人员作业的高效自动化伴随保障装备，可有效地缩短作业时间，减少人员的疲劳感。装备感受人员运动意图自动跟随，无须操控解放双手。采用模块化设计，可快速更换电池。适应山地、石子路、森林草地等多种环境，省力效果达到75%以上，可显著提升野外单兵人员的作业效能。

### 技术参数

| 最大负载能力 | ≥60kg |
|---|---|
| 越障高度 | ≥15cm |
| 越沟能力（长×深） | ≥30cm×30cm |
| 涉水深度 | ≥20cm |
| 综合工况续航时间 | ≥8h |
| 整机质量 | ≤40kg |
| 工作温度 | -25～55℃ |

### 主要结构组成

单兵越野助力牵引车通常指一种小型机动车辆，主要作用是在野外环境中帮助单兵或小组人员牵引重型装备或车辆。这种车辆通常具有轮式或履带式底盘，搭载强大轮毂电机、驱动器、速度传感器、姿态传感器、力传感器和角度传感器等随动控制系统，能够在困难地形和天气条件下行驶。它通常使用多功能挂接在人体后部，用于牵引物资或设备。

### 车辆标准配置

- 穿戴者可独立完成载荷装卸以及单兵越野助力牵引车穿戴。

- 框架链接材料采用超分子量聚乙烯材料。
- 驱动及电池系统：电驱动，具备 QCB 系统。
- 控制系统：控制器为仿手枪握把式、扳机式控制前进旋钮、拇指一键刹车、前进旋钮与刹车按钮同时使用可定速巡航。

- 战术背心。材质：凯夫拉长涤丝；快拆装置：左右肩部、左右腹部；前片、后片内侧具备通风散热鱼骨；具备轻质航空铝人车连接卡扣及一键人车快速分离装置。

### 适用场景

适用于森林消防领域单兵负重运输，适用于山地、石子路、森林草地等多种环境。

### 注意事项

- 未经培训禁止使用。
- 载荷限制：车辆有一定的载荷限制，需要根据实际情况进行合理的装载。
- 驾驶员技能：驾驶员需要具备一定的驾驶技能，特别是在越野行驶时需要注意操纵规程，避免车辆出现翻车、侧翻等情况。
- 长时间使用：长时间使用后，需要对车辆进行维护和保养，保持车辆的正常运转。
- 环境适应：在不同的地形和气候条件下，需要对车辆进行相应的调整和保养，确保其正常运转和安全性。
- 防盗措施：在野外作战时，需要注意对车辆进行防盗措施，避免被认为损坏。

如遇上述未提及事项，请严格参照产品使用手册操作。

## 火场切割机（割灌机）

火场切割机有硬轴传动的侧挂式和软、硬轴组合传动的背负式两种。主要由动力机、传动机构、切割头和操作装置组成。切割头为双锯片异向同步旋转，切割时无反弹作用力，可直立360°无死角自由切割，操作安全、方便。

火场切割机（割灌机）

### 技术参数

| 型式 | 硬轴，双肩侧挂 | 软硬轴组合，双肩背负 |
|---|---|---|
| 功率 | 2kW | 2kW |
| 最大锯切直径 | 90mm | 90mm |
| 刀片数量 | 2pcs | 2pcs |
| 重量 | 12kg | 12.5kg |

### 适用场景

适用于森林火场清障、割灌开带、开设通行便道和防火隔离带，帮助森林消防员快速抵达火场，阻止林火进一步蔓延具。

### 注意事项

- 穿着适当的装备。在使用火场切割机时，需要穿戴适当的装备，包括防护手套、防护靴、防护眼镜、防护耳塞等。这些装备可以有效地保护你的身体，防止受伤或受到噪音和灰尘的影响。
- 检查机器。使用火场切割机前，需要仔细检查机器的各个部分，确保机器完好无损。特别是刀片的锋利程度和刀片的固定性需要检查，以确保切割的效果和安全性。
- 调整切割角度。在使用火场切割机时，需要根据实际情况调整切割角度。如果角度不正确，可能会导致卡住或者损坏机器。同时，还需要避免将机器太深地插入物体中，以免刀片被卡住。
- 避免过度使用。在使用火场切割机时，需要避免过度使用。过度使用可能会导致机器过热或疲劳，从而影响机器的性能和寿命。
- 安全放置。在使用火场切割机完成任务后，需要将机器安全放置在稳定的位置。机器需要安全地放置，以免机器滑倒或掉落，造成意外伤害。

## 油锯

油锯是扑救森林火灾的常规装备。

油锯园林伐
木摩托锯

**技术参数**

| 汽油发动机 | 单缸、风冷却二冲程、汽油发动机 |
|---|---|
| 功率 | ≥ 2.2kW |
| 常温起动 | ≤ 7s |
| 锯切效率 | ≥ 54cm²/s |

**适用场景**

适用于园林伐木、清理消防路障等。

## 点火器

常用点火器为喷射式点火机。喷射式点火机是一种通过向进气管或气缸喷射汽油来制备可燃混合气的汽油机。

### 性能特点

- 可手提可背负，行军方便。
- 容积为 7L，加满油工作时间在 60min 以上。
- 出油方式为手动加压出油。
- 喷枪设有防回火装置，使用安全方便。
- 火焰喷射距离 3m 以上。

### 适用场景

适用于在森林火场通过人工点火，以火攻火扑救森林火灾或在火场自救避险。

### 技术参数

| 容积 | ≥7L |
| --- | --- |
| 额定压力 | ≥0.6MPa |
| 整备质量 | ≤5.85kg（不加油） |
| 流量 | ≥0.1L/min |
| 一次加压（0.6MPa）工作时间 | ≥45min |
| 加满油工作时间 | ≥68min |
| 点火速度 | ≥8km/h |
| 最长火焰喷射长度 | ≥3m |
| 喷枪长度 | ≥530mm |

# 第二章
# 航空消防装备

本章
视频资源

航空消防是指应用能在空中飞行的有人驾驶和遥控无人驾驶的飞行器对森林、草原火情进行监测和火灾扑救。

森林消防无人机是基于多旋翼、固定翼以及旋翼和固定翼结合的飞行器技术，搭载传感器和灭火设备，用于森林草原火情监测、火灾扑救和紧急情况下的森林消防救援，具备平时防火巡护、战时火情侦察、森林草原灭火、应急通信、物资投送辅助救援等多种防灭火救援功能的无人机系统。

森林消防无人机主要有无人机机身、电源系统、飞行控制系统及搭载的红外摄像机、通信中继系统和灭火系统等构成。动力源分为油动和电动两种，油动无人机通常依靠汽油发动机或柴油发动机作为动力来源；电动无人机主要是通过锂电池作为动力来源。机身外形可分为单旋翼、多旋翼、固定翼及垂直固定翼4种类型，多旋翼和垂直固定翼无人机操作难度相比固定翼较低，且对降落场所没有特殊要求，应用较为广泛，但相对来说飞行高度较低，航时较短。应对不同任务，森林消防无人机可搭载多种功能模块，如通信中继模块用以灾区应急通信；干粉/水型喷雾式灭火剂、空投式灭火弹、灭火弹发射式、系留式高压水炮等模块用以灭火救援；红外摄像头用以灾情实时监测、现场指挥调度工作，以及照明、测绘、运输、环境数据采集等其他辅助功能模块。

森林消防无人机不仅适用于防火巡护、灾情侦察、森林草原灭火、物资投送、人员救护等防灭火救援工作，也适用于现场实时监控、应急通信、指挥调度等多种辅助工作。此外，森林消防无人机还可以用于农业植保、电力巡线、巡河、航拍航测、边防巡检等工件。随着现代智能无人机技术发展，无人机技术与新一代通信技术以及多机协同控制技术相结合，为森林消防无人机的有效应用提供了更先进、更有力的技术支撑。

# 有人机 一

● 直升飞机

主要应用于森林、草原消防的火场侦察、巡逻报警、卫星热点侦察、火场急救、扑火队员机降、索降、滑降和吊桶洒水、抛撒灭火剂等扑救森林、草原火。有下列型号的直升飞机应用于森林、草原消防。

## K-32 系列直升机

K-32 系列直升机是一种双发动机共轴式反转旋翼民用直升机。采用两副全铰接式共轴反转三片桨叶旋翼，桨叶可人工折叠。尾翼由水平安定面、两个端板式垂直安定面和方向舵组成不可收放的四点式起落架。

### 性能特点

K–32 直升机用于执行森林航空消防的型号为 K–32A，执行森林航空消防任务时，可采用机腹水箱洒水或外挂吊桶洒水。10900–050 型"辛普列"机腹洒水系统，载水量为 3t；BAMBI BUCKET 型外挂吊桶，载水量为 5t。

### 技术参数

| | |
|---|---|
| 旋翼直径 | 15.90m |
| 机长（旋翼折叠） | 12.25m |
| 机宽（旋翼折叠） | 4.00m |
| 机高（至旋翼桨毂顶部） | 5.40m |
| 主轮距 | 3.50m |
| 前轮轮距 | 1.40m |
| 前主轮距 | 3.02m |
| 座舱（长×宽×高） | 4.52m×1.30m×1.24m |
| 动力装置 | 两台 TB3—117BMA 涡轮轴发动机装在座舱上方的左右两侧，功率 2×2200Hp |
| 最大有效载荷 | 4000kg（机内）、5000kg（外挂） |
| 最大起飞重量 | 12700kg |
| 最大平飞速度 | 260km/h |
| 巡航速度 | 230km/h |
| 实用升限 | 6000m |
| 悬停高度 | 3500m |
| 最大爬升率 | 15m/s |
| 续航时间 | 4.5h（内置油箱燃料） |
| 航程 | 700km（最大标准燃油，5% 余油） |

# 米-171 系列直升机

一种单旋翼直升机，具有载重较大、载客较多的特点。货运布局时，舱内沿舱壁有 27 个折叠座椅，货物可装在货舱内或吊挂在机身下。驾驶舱内 3 名空勤人员。

## 性能特点

- 动力系统。采用 5 片桨叶的旋翼，装有 BR-14 主减速器、桨毂和旋转倾转盘、传动轴、中减速器和尾减速器及 3 片桨叶拉进抗扭尾桨。动力装置 2 台 TV3-117VM 防尘燃气涡轮发动机，起飞功率 2×1397kW。发动机由 AN-9B 吸气辅助动力装置起动。
- 航电系统。装备有 BAKLAN-20 指挥无线电台，YADRO-1G1 通信无线电台、ARK-15M 短波无线电罗盘和 ARK-UD 搜索无线电罗盘、DISS-32-90 多普勒导航仪、AGK-77 主自动地平仪和 AGR-74V 备用自动地平仪、BKK-18 自动地平仪姿态监控器、A-037 无线电高度表、A-723 远程导航设备、8Λ-813 气象雷达。

## 技术参数

| | |
|---|---|
| 长度 | 25.35m（含旋翼和尾桨），18.42m（不含尾桨） |
| 高度 | 5.54m |
| 旋翼直径 | 21.29m |
| 尾桨直径 | 3.90m |
| 旋翼面积 | 356m² |
| 空重 | 7055kg |
| 最大起飞重量 | 13011kg |
| 载重量 | 4000kg（货舱内），3000kg（外挂） |
| 动力系统 | 2× 伊索托夫 TV3-117VM 涡轴发动机，每台 1545kW |
| 最大飞行速度 | 250km/h |
| 实用升限 | 5000m |
| 航程 | 495km |

# 空客 H125 小松鼠

在性能、多功能性、安全性、维护成本、购置费用等各方面优于其他单发直升机，且擅长在高温高原等极端环境下工作。

### 性能特点

机舱平坦，可以快速、轻松地改装为不同的任务类型服务，包括高空作业、消防、执法、搜救、客运等服务。

### 技术参数

| | |
|---|---|
| 机长（旋翼转动） | 12.94m |
| 机高 | 3.34m |
| 机身宽 | 2.53m |
| 配备发动机 | 单台法国透博梅卡公司新型 Arriel 2D 涡轴发动机，装有 FADEC |
| 最大重量 | 2250kg |
| 带外挂的最大重量 | 2800kg |
| 运载能力 | 1 名飞行员 +5～6 名乘客或 1400kg 带外挂 |
| 最大航速（VNE） | 287km/h |
| 最佳续航时间 | 268min |
| 升限 | 5258m |
| 有地效悬停高度 | 4039m |
| 无地效悬停高度 | 3383m |

## ● 固定翼飞机

经改装后应用于森林火情监测、消防灭火、紧急运输和应急救援等的螺旋桨使飞机。

一种应用于森林草原消防的新舟 60/600 灭火飞机在机舱内安装的 4 个直径 1m，长 1.8m 的灭火介质存储罐，机腹增加了灭火介质排放口，驾驶舱增加投放灭火介质控制装置，具有装载和投放 6t 灭火介质的能力。

### 性能特点

具有运输与灭火系统功能快速转换的能力，可实现 10min 内加注灭火介质，30min 内再次起飞，介质喷洒时间 2～4s。

### 技术参数

| | |
|---|---|
| 机长 | 24.7m |
| 翼展宽 | 29.2m |
| 机高 | 8.9m |
| 最大灭火作业半径 | 500km |
| 距离灭火火场高度 | 50～100m |
| 飞行灭火速度 | 230～250km/h |
| 火情监测最大航时 | 6h |
| 最大航程 | 2450km |
| 最大巡航速度 | 460km/h |

森林草原消防装备

## ● 水陆两栖飞机

能在陆地、水面降落并在湖泊、河流取水执行森林灭火、水上救援等多项特种任务能力的螺旋桨推进的固定翼飞机,并可根据用户的需要加改装必要的设备,满足执行海洋环境监测、资源探测、客货运输等任务的需要。

AG-600 水陆两栖飞机是我国为满足森林灭火和水上救援的迫切需要研制的大型灭火/水上救援水陆两栖特种用途飞机(简称"鲲龙")。

### 性能特点

AG-600 水陆两栖飞机采用了单船身、悬臂上单翼布局型式;选装四台 WJ6 发动机,采用前三点可收放式起落架。AG-600 水上飞机在执行森林灭火任务时,可在 20s 内汲水 12000kg,飞机可在水源与火场之间多次往返,投水灭火。在执行水上救援任务时,飞机最低稳定飞行高度 50m,并可在水面上停泊实施救援行动,一次最多可救护 50 名遇险人员。

### 技术参数

| 动力系统 | 4 台 WJ6 涡轮螺旋桨发动机 |
|---|---|
| 最大平飞速度 | 460km/h |
| 最大起飞重量 | 53.5 |
| 最大航程 | 4000km |
| 最大救援半径 | 1600km |
| 最大救援人员 | 50 人 |
| 汲水速度 | 20s 内 12t |
| 单次加油最大投水量 | 约 370t |
| 单次投水救火面积 | 4000 多 m² |

# 无人机 | 二

本节
数字资源

● 多旋翼无人机

## FP-981A 多旋翼支援型无人机

### 性能特点

FH-981A 是一款多旋翼支援型无人机，可垂直起降，无场地限制，能够快速抵达目标区域。

### 技术参数

| 最大商载 | 10kg |
|---|---|
| 最大航时 | 60min |
| 最大航程 | 24km |
| 巡航速度 | 36km/h |
| 货仓容积 | 36L |
| 起降方式 | 垂直起降 |

### 适用场景

适用于在山区、城市、林区等地的复杂环境下执行、应急物资投送、前线支援、灭火弹投掷、牵引绳投掷等任务。

## 多旋翼无人机 –EVO II 系列

EVO2 Pro

EVO2- Obstacle Avoidance

分为可见光：EVO II Pro 行业版 V3 和双光：EVO II Duel 640T 行业版 V3 两款。

可见光：EVO II Pro 行业版 V3

双光：EVO II Duel 640T 行业版 V3

### 性能特点

- 全项避障。机身配备 12 路视觉传感器，融合主相机、超声波、IMU 等 19 组传感器，实时构建三维地图和规划路径，不仅仅是感知，更可实现多角度全方位避障。所有方向肆意飞行，轻松穿越丛林、高山、城市等复杂地带，为飞行任务保驾护航。此外，通过智能跟踪算法，对目标的位置、速度同时进行建模，当发生遮挡时，也能准确预判目标运动轨迹，并实现持续跟踪。
- 拍摄复现。记录拍摄位置，下次起飞时无人机即可自动悬停至相同位置并将云台转向相同方向，复现相同成像。在作业时全面记录无人机经纬度、拍照角度等信息，以便后续查询总结，提供决策依据。
- 任务规划。通过在地图上设定飞行路径后，即可按指定的飞行路径飞行，全程自主化作业，高效安全。可设定任务模式：航点任务、矩形任务、多边形任务、倾斜摄影。
- 便携与高性能于一体。小巧轻便，方便作业携带，展开即用，快速进入工作状态，续航时间长达 38min，飞行速度可达 20m/s，同时拥有 15km 的超长图传距离，助力用户畅快高效作业。
- 可搭配多款行业应用挂载，打破光照限制，无论是白昼还是黑夜，都有满足复杂任务需求的挂载，让全天候作业变得简单，从容应对各种应用场景。

- 挂载灵活切换，仅需 3s 完成挂载拆装动作，大幅提升产品复用价值。
- 一体式手持地面站，强光下依然清晰显示影像，2048px×1536px 超高分辨率 LCD 显示屏。采用八核处理器，运行性能强大。配合基站使用，图传距离可达 30km，信号稳定传输。
- Autel Voyager 软件，一款专为行业应用设计的飞行控制软件，APP 实时显示飞行状态，集成航点航线规划、智能指点飞行、一键起降、AI 智能跟踪、地形跟随等多种专业功能；人性化交互界面，操作简单高效，全面提升飞行操作体验。
- 自动返航与安全保护。EVO II 行业版无人机具备智能返航功能，可以实现一键返航，实现快捷完成任务返航操作。当无人机低电量或与地面站断开连接将启动安全保护的自动返航，为安全飞行提供可靠保障。

## 技术参数

| 型号 | EVO II Pro 行业版 V3 | EVO II Duel 640T 行业版 V3 |
| --- | --- | --- |
| 重量（含桨和电池） | 1110g | 1136.5g |
| 最大起飞重量 | 1999g | 1999g |
| 轴距 | 427mm | 427 mm |
| 尺寸（长×宽×高） | 245mm×130mm×111mm（折叠）506mm×620mm×111mm（展开） | 245mm×130mm×111mm（折叠）506mm×620mm×111mm（展开） |
| 悬停时间（无风环境） | 38min（夜航灯）29min（探照灯） | 38min（夜航灯）29min（探照灯） |
| 最大水平飞行速度 | 20m/s | 20m/s |
| 最大上升速度 | 8m/s | 8m/s |
| 最大下降速度 | 4m/s | 4m/s |
| 最大起飞海拔高度 | 7000m/s | 7000m/s |
| 最大可倾斜角度 | 33° | 33° |
| 最大旋转角速度 | 120° | 120° |
| 工作环境温度 | -10～4℃ | -10～40℃ |
| 最大抵抗风力（起飞降落阶段最大可承受风速） | 12m/s | 12m/s |

**适用场景**

EVO II 系列无人机凭借其强大的飞行性能和软硬件平台，重新定义生产力工具，赋能安防、巡检、农业等领域。

- 公共安全。治安巡逻、侦查取证、消防救援、野外搜救、森林防护。
- 电力巡检。电网巡检、光伏巡检。
- 水面侦察。河道、湖泊、海洋、城镇、保护区等巡视，违法行为现场取证。
- 交通。道路交通状态巡查，违章抓拍。
- 应急救灾。灾害应急处置保障，提供灾害现场的数据信息。

# 多旋翼无人机（EVO Max 系列）

EVO Max 4T

## 性能特点

EVO Max 系列采用全新的外观设计，并新增特色功能。整机重量仅1600g，折叠后可轻松放入背包携带和运输。同时支持 15s 快速手持起飞，轻松应对各类复杂地形和紧急情况。机身内置夜航灯，为夜间飞行提供空中安全保障，避免安全事故的发生。

采用 Autel Autonomy 自主飞行技术，支持在无人机飞行时实时采集周边环境数据，实现复杂环境（山地、树林、楼宇等）下的全局路径规划，在 GPS 信号差时也能获得高精度且低延迟的距离和坐标信息，实现全天候室内外高精度导航定位功能。

依托无人机的至强算力，EVO Max 系列可通过可见光镜头以及红外热成像镜头对人员、车辆、船舶等多类目标进行快速识别与追踪，最多同时识别 64 个目标，无人机将对拍摄画面进行实时识别并显示现场目标识别结果，综合识别准确率大于 85%，快速辅助现场决策。

采用创新的"双目视觉+毫米波雷达"的融合避障技术，具备 720° 无死角感知和避障能力。即便在丛林、桥底水面、高压电线等复杂作业环境，也能及时地识别并避开各种细小障碍物，保障飞行安全，实现全天候作业。

可以在没有移动网络情况下，实现最多 5 台无人机的多机协同作业；也可以配合指挥中心、Live Deck 2、单兵手持终端等进行多设备组网，通过直播分享、地图障碍物标记、目标坐标获取等方式实现现场信息共享，并通过地面终端实现语音和文字交流。

采用全新升级的 Autel SkyLink 3.0 图传技术，图传距离为 20km，可让作业人员轻松了解远处被拍摄物体的情况；同时在链路的传输以及本地的数据保存上，采用了 AES-256 军用级的加密，飞行数据更安全。

机身内置的飞控计算单元、GPS 接收模块和图传模块，具有能够识别飞控干扰信号以及卫星定位干扰信号，具有卓越的抗电磁、抗射频和抗 GPS 诱骗特性，以及可靠的飞行稳定性。

### 适用场景

可广泛应用于夜间搜救、夜间巡检、夜间执法等行业，满足夜晚及亮度较低环境下的数据采集需求。

### 技术参数

| 规格型号 | EVO Max 4T |
| --- | --- |
| 重量（含桨和电池，不含扩展配件） | 1620g |
| 最大起飞重量 | 1999g |
| 轴距 | 466mm |
| 尺寸（长×宽×高） | 562mm×651mm×147mm（展开含桨叶）<br>318mm×400mm×147mm（展开不含桨叶）<br>257mm×145mm×131mm（折叠无桨叶） |
| 飞行时间（无风环境） | 42min |
| 悬停时间（无风环境） | 38min |
| 最大水平飞行速度（海平面附近无风） | 23m/s |
| 最大上升速度 | 8m/s |
| 最大下降速度 | 6m/s |
| 最大起飞海拔高度 | 5000m |
| 最大可倾斜角度 | 35° |
| 最大旋转角速度 | 俯仰轴：300°/s，航向轴：120°/s |
| 工作环境温度 | -20～50℃ |
| 最大抵抗风力 | 12m/s*<br>* 起飞降落阶段最大可承受风速 |
| IP 防护等级 | IP43 |

> 适用场景

EVO Max 系列无人机凭借其强大的飞行性能和软硬件平台，重新定义生产力工具，赋能安防、巡检、应急、执法、测绘、消防、农业等领域。

- 公共安全。治安巡逻、侦查取证、消防救援、野外搜救、森林防护。
- 电力巡检。电网巡检、光伏巡检。
- 管道能源。石油、天然气管道巡检。
- 测绘。地形测量、城乡规划、工程测绘。
- 水面侦察。河道、湖泊、海洋、城镇、保护区等巡视，违法行为现场取证。
- 交通。道路交通状态巡查，违章抓拍。
- 应急救灾。灾害应急处置保障，提供灾害现场的数据信息。

Dragonfish
龙鱼

## 倾转旋翼无人机（龙鱼系列）

### 性能特点

- 龙鱼系列的机身设计融合了多旋翼结构垂直起降的优点和固定翼带来的长时续航，能让无人机适应各种复杂起降条件的环境，轻松地进行起降操作。
- 机身采用双电池冗余设计，不仅安全上得到保证，当一块电池无法正常工作时，另一块电池仍可使用。同时两块电池带来长久续航，最高带载续航更可达到158min，同时，得益于龙鱼系列强大的性能和机身设计，龙鱼的最高飞行航速可达到108km/时，大幅度增加作业距离。
- 整机采用了创新的快拆式部件设计，不仅解决了传统垂起固定翼无人机因为体积大而引起的运输和存储不便的问题，同时在后期维护时，无需整机拆卸，可随时替换故障部件，极大地减少维修时间和成本。在应对突发状况时，无人机从出库到组装完成不到3min，可实现5min内快速起飞。
- 机身集成ADS-B发射（选配）和接收器（标配），实时接收附近的载人飞机发出的讯号，同时发射自身ADS-B讯息（选配），实现预警和安全飞行。
- 机身前置了毫米波雷达，可侦测到距离200m之外的障碍物，根据采集得到的飞行数据自动调整飞行器的高度与速度，提升避障性能。
- GPS丢失保护。飞行器在非GPS环境中会激活降落保护特性，此时飞行器将自动从其当前位置降落。

- 低电量保护。当飞行器的电池电量达到设定的阈值时,飞行器启动自动返航。
- 失联自动返航。飞行器与地面站的通信中断,失控保护将启动,此时若有 GPS 信号,飞行器将启动自动返航。
- 地形跟随。适合高度差异大的环境下飞行,使飞机与地面始终处于同一高度,保证作业安全与统一的摄影清晰度。

**技术参数**

| 规格型号 | 龙鱼 |
|---|---|
| 尺寸(长×宽×高) | 1290mm×2300mm×460mm |
| 重量(含电池,不含云台) | 7.5kg |
| 最大载重 | 1.5kg |
| 最大起飞重量 | 9kg |
| 最大图传距离 | 30/100km(可选) |
| 最大旋转角速度 | 俯仰轴:180°/s<br>航向轴:60°/s |
| 最大俯仰角度 | 20° |
| 最大横滚角度 | 35° |
| 最大上升速度 | 垂直飞行模式:4m/s<br>固定翼飞行模式:5m/s |
| 最大下降速度(垂直) | 垂直飞行模式:3m/s<br>固定翼飞行模式:5m/s |
| 最大水平飞行速度 | 30m/s |
| 飞行速度 | 0~17m/s(多旋翼)<br>17~30m/s(固定翼) |
| 最大飞行海拔高度 | 6000m |
| 最大可承受风速 | 固定翼飞行时:15m/s(7级风)<br>垂直起降时:12m/s(6级风) |
| 带载最长飞行时间 | 126min |
| 工作环境温度 | -20~50℃ |

**适用场景**

龙鱼凭借其强大的飞行性能和软硬件平台，重新定义生产力工具，赋能安防、巡检、农业等领域。

- **警用执法。**侦查、跟踪、取证一步到位，极大地提高警务处理效率。
- **森林防火。**空中巡护，确保第一时间林火识别、火情传送，跟踪林火扑灭动态。
- **电力巡检。**实现巡检自主化，提升巡视效率和精细化程度，助力电网数字化转型。
- **交通执法。**空中视野了解道路的整体态势，及时管控交通，确保交通畅通。
- **海防打私。**高效实现定点、定期和定路线飞行巡逻，打击走私、偷渡等犯罪活动。
- **农业监测。**采集农田多光谱影像，分析异常区块，协助农田从业者进行田间管理。

## ● 固定翼无人机

### FH-98 远程固定翼灭火型无人机

FH-98

#### 性能特点

FH-98 是国内首批取得适航证件投入实际运行的大型无人运输机。系统具备载重大、航时长、短距（≤350m）滑跑起降、环境适应性强等优点，能够满足全天时、多天候作业需求，可提供多个安装挂点，能够实现货物精确空投、灭火水袋、灭火弹抛投等需求，系统操纵性好，便于维护，大幅提升区域性的航空消防能力，在应急救援领域具有重要应用前景。

#### 技术参数

| | |
|---|---|
| 最大起飞重量 | 5250kg |
| 最大载重 | 1500kg |
| 最大航时 | 8h |
| 巡航速度 | 140～180km/h |
| 实用升限 | 4500m |
| 滑跑起降 | ≤350m |

#### 适用场景

适用于空投补给、森林消防。

# FH-985 远程固定翼无人机

### 性能特点

FH-985 是我国自主研发的大型无人运输机。该系统能够满足高原高寒复杂环境下的大载重运输需求，具备抗雨雪等恶劣气象条件运行能力，能够在标准机场或简易机场起降，满足全天时、多天候作业需求，可提供多个安装挂点，实现货物精确空投、灭火水袋、灭火弹抛投等需求。系统操纵性好，便于维护，大幅提升区域性的航空消防能力，在应急救援领域具有重要应用前景。

### 技术参数

| | |
|---|---|
| 最大起飞重量 | 5500kg |
| 最大商载 | 2000kg |
| 巡航速度 | 260～280km/h |
| 最大航程 | 2000km |
| 实用升限 | 8000m |
| 滑跑起降 | ≤600m |

### 适用场景

适用于高原运输、精准空投、森林消防。

# FH-95A 高空长航时无人机

## 性能特点

FH-95A 是新一代高空长航时无人机,具备航时长、有效载重大、滑跑距离短等优点。

## 技术参数

| 最大起飞重量 | 1700kg |
|---|---|
| 工作半径 | 100～2000km |
| 巡航速度 | 250km/h |
| 最大航时 | 40h |
| 实用升限 | 11000m |
| 滑跑起降 | ≤900m |

## 适用场景

适用于执行大范围灾害现场巡察、应急通信保障等任务。

# FH-96 高低空长航时巡察无人机

### 性能特点

　　FH-96 是一款高空长航时巡察无人机，续航时间可达 24h，系统装载可见光 / 红外光电载荷，具有长航时巡查、中远程测距等功能。

### 技术参数

| 最大起飞重量 | 95kg |
| --- | --- |
| 工作半径 | 100～200km |
| 巡航速度 | 160km/h |
| 最大航时 | 24h |
| 实用升限 | 7000m |

### 适用场景

　　适用于林草日常巡查巡视，可用于灾害现场的地面目标灾等情况、灾情地形地貌）的监控、跟踪、位置定位、视频图像采集传输等。

# 多旋翼机巢

多旋翼机巢

## 性能特点

多旋翼机巢采用领先的平台软件和控制算法，可实现无人机自动起飞、自主巡检、精准降落、自动充电等功能。多旋翼机巢使用滚筒式防护罩，集成了气象站和工业控温空调，轻松应对全天候作业场景；采用轻量化功能模块集成理念，方便运输，易于部署，搭配指挥中心，作业人员足不出户即可下发任务指令，解放人工，降低成本，赋能无人机多行业应用。

可快速部署于变电站、产业园区、屋顶平台等多种场合，通过分布式安置实现多种作业方式，覆盖更大作业范围。

## 技术参数

| 尺寸 | 长×宽×高（闭合） | 934mm×641mm×780mm |
|---|---|---|
| | 长×宽×高（开启） | 934mm×641mm×548mm |
| 开舱方式 | 顶部滚筒单向开门 | |
| 舱门耐久 | ≥30000 次 | |
| 机身材质 | 铝合金+复合材料 | |
| 重量 | 机巢 | 60kg |

（续）

| | | |
|---|---|---|
| 供电 | 最大功率 | ≥1.2kW |
| | 待机功率 | ≤10W |
| | 输入电压 | AC 110/220V |
| | 输入电流 | 16A |
| 内部电池 | 电池类型 | 磷酸铁锂 |
| | 电池容量 | 18Ah |
| | 输出电压 | 22.4V |
| UPS | 电池类型 | 磷酸铁锂 |
| | 电池容量 | 100Ah |
| | 输出电压 | 22.4V |
| | 续航时间 | ≥5h |
| 充电性能 | 充电电压 | 13.2V |
| | 充电电流 | 16A |
| | 充电时长 | 10%～90% 25min |
| 空调系统 | 空调类型 | TEC空调 |
| | 舱内温度控制范围 | 10～30℃ |
| 作业半径 | 距离 | 7000m |
| 作业半径 | 距离 | 7000m |
| 环境适应性 | 抗风等级 | 8级 |
| | 防护等级 | IP55 |
| | 最大工作海拔高度 | 6000m |
| | 工作温度 | -30～55℃ |
| | 工作湿度 | 5%～95% |
| 通信距离 | 最大图传距离 | ≥12km |
| 任务飞行 | 起飞时间 | ≤1.5min |
| | 降落时间 | ≤1.5min |

### 适用场景

可广泛应用于安防巡逻、油气巡检、电力巡检、林业巡查等领域场景。

# 固定翼机巢

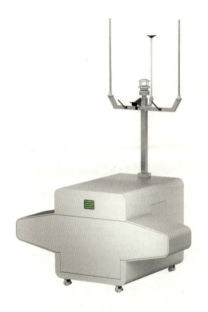

龙鱼机巢

## 性能特点

龙鱼机巢是为满足龙鱼无人机行业应用场景的全自动远程无人机换电与指挥系统。

通过远程调度管理系统,实现龙鱼无人机的任务远程下发,自动飞出机巢后执行巡检任务。

龙鱼可在无人场景下自动安全起降、自动换/充电、自动执行任务,实现无人机智能化及无人化作业,充分解放人力,提高作业效率。

### 技术参数

| | |
|---|---|
| 闭合尺寸（含天线）<br>（长 × 宽 × 高） | 1800mm × 2630mm × 2820mm |
| 平台推出尺寸（含天线）<br>（长 × 宽 × 高） | 4670mm × 2630mm × 2820mm |
| 重量 | ≤ 550kg |
| 气象监测 | 风速、风向、雨量、温度、湿度、气压 |
| 视频通道 | 无人机摄像头、机巢内部及机巢外部实时画面 |
| 供电要求 | AC220V 50Hz，防水航空插头快接设计（支持110V 交流输入，需额外增加变压模块） |
| 运行功率 | 标准工况 ≤ 200W；峰值工况 2200W |
| 充电方式 | 自动换电 |
| 电池数量 | 6 块 |
| 开门方式 | 侧开门 |
| 工作环境温度 | -35 ~ 50℃ |
| 工作环境相对湿度 | < 95% |

### 适用场景

广泛应用于海陆边境巡逻、森林防火与砍伐巡查、输电通道及石油管道巡检、矿山挖掘作业巡检等领域。

第二章　航空消防装备

• 直升无人机

## FH-909 无人机直升机

**性能特点**

FH-909 是一款无人直升机，可垂直起降，定点悬停，起降无场地限制，能够快速抵达作业区域，可多架组网飞行，具备航迹自动规划及自动驾驶功能。

**技术参数**

| | |
|---|---|
| 有效载重 | 70～100kg |
| 工作半径 | 150km |
| 最大航时 | 8h |
| 实用升限 | 6500m |
| 起降方式 | 垂直起降 |

**适用场景**

适用于在复杂环境下执行火场态势巡察、灭火弹投放、应急物资投送、支援保障等任务。

森林草原消防装备

## 长航时重载支奴干无人直升机

应急应用

地勘应用

## 性能特点

采用多余度飞控,重油发动机,可靠性、安全性高。运输载荷大,投送航程远。装载空间大,挂点多样,重心适应范围广。起降灵活,环境适应性好。

## 技术参数

| 起飞重量 | 650kg |
|---|---|
| 载荷 | 航时 300kg/1h  250kg/3h |
| 作业半径 | 150km |
| 实用升限 | 6500m |
| 巡航速度 | 105km/h,最大 140km/h |
| 抗风能力 | 起降 6 级,空中 7 级 |

## 适用场景

可适用于大范围日常巡察。针对火灾处置,可打"早"、打"小"、打"了"。灭火物资、医疗物资、救援物资等可高效空中吊运。在"三断"情况下,搭载卫通和基站,架起空中通信中继,为指定区域提供覆盖面积不低于 50km² 公网或专网通讯保障。

森林草原消防装备

## ●水陆两用无人机

### U650 大型水陆两用无人机

**性能特点**

　　U650 大型水陆两用无人机是轻型运动型飞机，碳纤维全复材机身，配备可收放起落架，大升阻比 15:1，任务载荷 100kg，航时大于 12h。

**技术参数**

| 型号 | U650-A1 | U650-A2 |
|---|---|---|
| 翼展长度 | 12.4m | 12.4m |
| 机身长度 | 5.85m | 5.85m |
| 最大起飞重量 | 650kg（水）/700kg（陆） | 700kg（水）/750kg（陆） |
| 任务载荷 | 100kg | 150kg |
| 续航时间 | 15h | 12h |
| 巡航速度 | 170km/h | 180km/h |
| 失速速度 | 83km/h | 83km/h |
| 实用升限 | 4000m | 7000m |
| 最大航程 | 2000km | 2000km |
| 通信距离 | 200km | 2000km（SATCOM） |
| 起降距离 | 陆基 250～400m/水面 300～600m | 陆基 200～300m/水面 300～500m |
| 发动机 | ROTAX 912iS | ROTAX 914F |

**适用场景**

　　适用于远洋岛礁巡查、近海船泊监控、海上安全搜救、海洋灾害监测等。

## ● 旋翼与固定翼结合无人机

## FH-981C 垂起复合翼支援型无人机

FH-981C

### 性能特点

FH-981C 是一款垂直起降复合翼支援型无人机,有效载重大。

### 技术参数

| 技术指标有效商载 | 50kg | |
|---|---|---|
| 工作半径 | 50km | |
| 巡航速度 | 120km/h | |
| 实用升限 | 6000m | |
| 起降方式 | 垂直起降 | |

### 适用场景

适用于在复杂环境下救援物资投送、支援保障等任务。

# 三 无人机通信服务

本节
数字资源

## FH-981AX 系列无人机系统

### 性能特点

FH-981AX 是一款基于系留无人机技术的卫星通信应急保障系统，系统可随车行进，具备公网、专网、互联网回传能力，以及语音视频通讯、4G/5G 双模覆盖等能力。

### 技术参数

| 可接入用户数量 | 1500 人 |
| --- | --- |
| 通信覆盖范围 | ≥ 20km² |
| 系留时间 | ≥ 24h |
| 系留高度 | 300m |
| 起降方式 | 垂直起降 |

### 适用场景

适用于应急通信、突发增网等任务。

# 跟踪天线

AUtel 智能跟踪天线

## 性能特点

- 智能跟踪天线集成了板状定向天线、全向玻璃钢天线、基站主板、RTK 天线等多种功能模块。在无人机超远距离的应用场景中，Autel 智能跟踪天线可提升无线信号的收发能力并增强抗干扰性能，使信号传输距离最远可达 100km。
- 智能跟踪天线采用快拆式结构设计，便携易用，既可搭配三脚架放置于某一固定地点完成常规化作业；也可搭配车、船等移动平台，完成距离更远、灵活度更高的巡检和搜救任务，发挥无人机更大的行业应用价值。
- 无人机通过实时监测全向天线与定向天线的信号强度以动态切换最佳图传链路。当定向板状天线作为信号中继时，将发射和接收特定方向的电磁波，信号传输距离最远可达 100km，传输码率最高可达 70Mbps。

### 技术参数

| 外形尺寸（长×宽×高） | RTK 收起来：420mm×400mm×515mm<br>RTK 展开：420mm×800mm×960mm |
|---|---|
| 重量 | 10.5kg（不含三角架） |
| 工作温度 | -20～45℃ |
| 抗风等级 | 6级 |
| 最大传输距离 | 100km（理论） |
| 最大传输速率 | 70Mbps（10km 以内 MIMO 模式） |
| 最大水平旋转角度 | 360*n(水平可以连续转动) |
| 最大俯仰旋转角度 | 0°～55°（默认 0 为天线垂直，向上为正方向） |
| 全向天线尺寸 | Φ37.2×(770±5)mm |
| 天线重量 | 0.7±0.05kg |
| 定向天线尺寸（长×宽×高） | 350mm×287mm×132mm |
| 天线重量 | 3.25±0.05kg（含夹码） |
| RTK 天线 | 支持双天线 RTK |
| 电池类型 | 锂聚合物 |
| 电池容量 | 6550mAh |
| 续航使时间 | 8.5h |
| 输入电压 | 100～240V |
| 充电电压 | 25.2V |
| 充电功率 | 151.2W |
| 充电时长 | 90min |

### 适用场景

广泛应用于长距离油气管道巡检、长距离输电通道巡检、移动巡防、广袤区域铁路巡检、高速公路巡检等领域场景。

# 龙鱼中继

### 性能特点

龙鱼中继集成定向天线、全向天线、中继基站、4G 通信模块、太阳能供电系统等于一体，为龙鱼系列无人机提供超远距离飞行作业支持。龙鱼中继可以搭配机巢，实现超远距离的图传和作业，同时支持无人机异地起降，大幅提升了作业效率。龙鱼中继支持 7×24h 远程在线管理，实时监控中继或无人机的运作状态。太阳能和 UPS 组合的免电力引入方案可简化安装部署流程。

两个中继基站之间最大传输距离长达 17km，支持多个基站串联接续，无限扩大作业距离。

### 技术参数

| | | |
|---|---|---|
| 全向天线 | 频率范围 | 支持定制频段，符合当地法律法规要求 |
| | 天线尺寸 | Φ28.8×(1200±10)mm |
| | 天线重量 | 0.7±0.05kg |
| 定向天线 | 频率范围 | 支持定制频段，符合当地法律法规要求 |
| | 天线尺寸（长×宽×高） | 350mm×287mm×132mm |
| | 天线重量 | 3.25±0.05kg（含夹码） |
| 通讯模块 | 通信方式 | 支持 4G 网路链接 |

（续）

| | | |
|---|---|---|
| 供电模式 | 外部直流供电 | |
| | 支持太阳能供电 | |
| 中继基站 | 尺寸（长×宽×高） | 290mm×237mm×90mm |
| | 重量 | 3kg |
| | 工作温度 | -20~60℃ |
| | 防尘防水 | IP55 |
| | 功耗 | 8W |
| | 电压 | 11.07V |
| | 电池类型 | 锂离子电池 |
| | 电子容量（mAh） | 9539 |

**适用场景**

广泛应用于河道巡查、交通监控与管理、电力巡检、森林防火等领域场景。

## 四 无人机指挥中心

本节
数字资源

## 指挥中心产品

**性能特点**

指挥中心是一款可在电脑和移动设备上使用的无人机综合管控平台，具备任务管理、设备管理、账户管理等功能，实现后方人员对前线设备的远程集群调度和可视化管理，同时飞行数据将存储至云端，方便用户后期检索与调用，让每一次飞行都有迹可循。最多可同时支持 32 路无人机直播，App 端至指挥中心可实现 1080P 画面 200ms 超低延时回传，满足全方位的远程监控场景需求。用户可从 Web 端远程控制飞行器暂停航线飞行及返航，同时可设置相机的角度、变焦倍数等参数，控制负载相机进行拍摄作业。

### 技术参数

| | | |
|---|---|---|
| 任务管理 | 任务规划：支持无人机航线规划和任务分配 | |
| | 实时传输：实时获取无人机现场拍摄和飞行数据 | |
| | 远程控制：从指挥中心远程控制无人机飞行与拍摄 | |
| | 数据存储：保存并管理飞行任务，飞行日志等数据 | |
| 账户管理 | 角色管理：按需创建角色，如团队、管理员、飞手等 | |
| | 权限管理：根据不同角色赋予不同操作权限 | |
| 设备管理 | 无人机管理：记录每台飞行器及电池的使用时间，维修进度等信息 | |
| | 固件管理：统一管理和升级飞行器固件版本 | |

### 适用场景

广泛应用于安防、应急、巡检等领域场景。

# 迅图产品

Autel Mapper 快速拼图

Autel Mapper 实时建模

## 性能特点

迅图（Autel Mapper）是一款二、三维重建软件，该软件将传统算法和深度学习算法相结合，使得重建成果的完整性大幅度提升，并在业内处于领先地位，特别是对电力行业中的电线、电塔等细小物体重建的完整程度大幅优于市面上的其他软件。

## 技术参数

| 操作系统 | Windows 10 及以上系统（64 位） | |
|---|---|---|
| 单机处理最大照片数量（张） | 30000 | |
| 重建类型 | 二维 / 三维重建 | |
| 配置要求 | 最低配置 | 推荐配置 |
| 中央处理器（CPU） | Intel Core i5 8 代系列<br>AMD Ryzen 5 3000 系列 | Intel Core i7 11 代系列<br>AMD Ryzen 7 5000 系列 或更高 |
| 图形处理器（GPU） | NVIDIA GeForce GTX1070 | NVIDIA GeForce RTX 2080 Ti 或更高 |
| 显存（VRAM） | 6GB | 8GB 及以上 |
| 内存（RAM） | 16GB | 32GB 及以上 |
| 存储（Storage） | 200GB 可用硬盘空间 | 256GB SSD + 2TB 企业级 HDD |
| 显示器（Display） | 1280px × 1024px | 1920px × 1080px 及以上 |

（续）

| | 三维重建 | |
|---|---|---|
| 单机任务量 | 500 张 / 1GB 空闲内存 | |
| 单机时效性 | 1 万张 / 18h<br>（由 EVO II Pro RTK V3 采集的影像导入进高性能工作站后选择高分辨率处理得到的结果） | |
| 精度级 | 厘米级 (1:500 测绘精度) | |
| 输出格式 | B3DM、OSGB、OBJ、PLY | |
| | 二维重建 | |
| 单机任务量 | 500 张 / 1GB 空闲内存 | |
| 单机时效性 | 8000 张 / 6h<br>（由 EVO II Pro RTK V3 采集的影像导入进高性能工作站后选择高分辨率处理得到的结果） | |
| 精度级 | 厘米级 (1:500 测绘精度) | |
| 输出格式 | GeoTIFF | |
| | 快速拼图 | |
| 输出结果 | DOM、DSM、2.5D 可视化 | |
| 快屏成功分享 | App、指挥中心、第三方平台 | |
| 快拼方式 | 边飞边建、快速后处理拼图 | |
| | 空中三角测量 | |
| 通过率 | 98% | |
| 输出格式 | XML | |
| | 加密点云 | |
| 输出格式 | PNTS、LAS、XYZ | |

**适用场景**

　　广泛应用于测绘、安防、巡检、交通、建筑等行业，为用户提供高效率、高精度、高质量的重建成果。

# Live Deck 2

**性能特点**

Live Deck 2 采用 Autel SkyLink 2.0 图传技术，抗干扰性能比一代提升 4 倍，图传距离最远可达 12km。图像传输系统的工作频段为 2.4GHz/5.8GHz/900MHz，可通过 HDMI 接口将 1080P/60FPS 高清画面实时输出至显示器、电视机、监控系统。搭配三频一体化天线，并可根据周边电磁干扰情况选择最优传输信道，极大提升了传输稳定性、抗电磁干扰性、抗遮挡性和低延时性，使不在现场的人员可第一时间接收到高清流畅的回传画面。

**技术参数**

| 规格型号 | Live Deck 2 |
|---|---|
| 重量 | 424.5g |
| 尺寸 | 152mm×111mm×25.6mm（天线折叠）<br>223.9mm×152mm×25.6mm（天线展开） |
| 防护等级 | IP43 |
| 工作频率 | 902~928MHz（FCC）<br>2.400~2.4835GHz<br>5.725~5.850GHz（除日本外）<br>5.650~5.755GHz（日本） |

（续）

| | |
|---|---|
| 等效全向辐射功率 (EIRP) | 900MHz:<br>FCC<=33dBm<br>2.4GHz:<br>FCC/NCC<=33dBm; CE/MIC/SRRC/KC<=20dBm<br>5.8GHz/5.7GHz:<br>FCC/SRRC/NCC<=33dBm; KC<=20dBm;<br>CE<=14dBm |
| 信号最大有效距离（无干扰、无遮挡） | 12km |
| 续航时间 | 5h |
| 工作电流/电压 | 1.3A / 3.85V（未连接到智能手机） |
| 电池类型 | 锂聚合物电池 |
| 电池容量 | 6200mAh |
| 功耗 | 5W |
| 工作环境温度 | -20～50℃ |
| 湿度范围 | 95% 相对湿度 |
| HDMI | 1080p 60 fps |
| 以太网 | 100M |
| 支持机型 | EVO II Pro V3<br>EVO II Dual 640T V3<br>EVO II RTK 系列 V3<br>EVO II 行业版 V3 |

**适用场景**

广泛应用于应急、巡检、安防的应用下的户外场景作战领域。

# 第三章
## 车辆装备

本章
视频资源

## 一　灭火车辆

本节
数字资源

灭火车辆是指以在地面可行走的车辆为底盘,按森林、草原火灾扑救所需加装各种具有林火、草原火扑救功能、消防人员运送及后勤保障的装置和设施的车辆。

## 水罐式灭火车

森林灭火水罐消防车

**性能特点**

整车越野性能好,机动灵活,配置完备,驾驶舒适,越野性能强,能够在林区防火道路行驶,可直接灭火也可为其他灭火装备供水。承载 5 人,可装载 2.5t 的水,配备 1 台车载消防泵、1 台消防水炮,还能够装载 1 台森林消防便携式水泵、20 根水带和 1 个水囊(2t),可作为一个独立作战单元,即可直接用于扑打火线,还可为其他灭火装备供水,确保队伍快速反应、迅速达到火场,提高灭火效率,或在地震救援期间提供应急供水和救援的功能。车顶配备升降照明灯,为夜间作业提供照明。车头前方装有保险杠,避免车身受到擦碰。车辆前方选配绞盘,尾部设有牵引钩,提高了野外救援能力。

## 技术参数

| 森林灭火水罐消防车车辆技术参数 | | | |
|---|---|---|---|
| 整车尺寸 | 6670mm×2180mm×3260mm | 总质量 | 9125kg |
| 发动机型号 | WP3NQ160E61 | 发动机功率 | 118kW |
| 排放标准 | 国Ⅵ | 最高车速 | 90km/h |
| 爬坡度 | ≥30° | 转弯半径 | 6m |
| 灭火系统技术参数 | | | |
| 罐体容积 | 2.5m³ | 输送距离 | ≈≈≈≈~≈≈≈≈m |
| 泵流量 | 30L/s | 泵自吸深度 | 垂直7m |
| 扬程 | 110~150m | 水炮射程 | ≥60m |
| 引水时间 | ≤35s | | |
| 车辆标准配置 | | | |

四轮驱动、双排驾驶室、三点式安全带、中间座位为两点式安全带；钢制天窗、驾驶室前门为电动升降车窗，并在驾驶室有统一控制开关。带有中控锁、电动调节后视镜、两侧广角后视镜，副驾驶侧下视镜。前仪表盘带有 USB 接口，加装≥100W 警报控制系统；带空调动转、驾驶室内配备 ABS 防抱死系统，前桥 4t、后桥 7.2t，最小离地间隙 190mm。

## 适用场景

可广泛应用于丘陵，山地、草地、河谷、森林等地带巡逻，及时发现火情，可迅速接近火场展开灭火战斗，扑救各种火灾。

多功能消防车

# 多功能灭火车

## 性能特点

铰接轮式多功能森林消防车是一种常用的多功能灭火车。铰接轮式多功能森林消防车采用铰接式底盘，适应多种复杂路况，具有良好复杂地面行驶通过性能。前车架安装有摆动架，可在坑洼等地段保证四个车轮同时着地并保持车身水平和车辆稳定。车桥采用差速功能，提高车辆全载工况下草原、林地无道路地面通过性能和爬坡能力。可在草原、森林等崎岖道路行驶。最大爬坡角度 26°，最小离地间隙 400mm；转弯半径小，具有较高的灵活机动能力。

灭火系统采用自主研发的压缩气体泡沫灭火系统，产生的灭火泡沫细密均匀，附着性能好，抗烧性能强，灭火效能佳。节约灭火用水，并可有效防止复燃；灭火泡沫阻燃性能强，可用于直接灭火，也可喷洒泡沫到树木草丛上面建立隔火带，阻断火势蔓延。输送距离 8000m 以上，输送高度 200m 以上，为高远距离和复杂环境突发火灾的及时施救提供保障。车辆

安装遥控消防炮，可在驾驶室内或车下遥控操作。

车辆前部装备液压驱动调节的推土铲斗，实现推土、铲土、填坑功能。在林间行驶时，具有很强的破障开路能力，能够直接铲开并压平浓密的灌木荆棘丛，为人员和其他车辆迅速开辟通道。实现清除林内下层灌木植物，帮助消防车打通灭火道路或切断火线功能，为森林灭火和保障救灾人员安全提供保障。

## 技术参数

| 型号 | DSXG 3000-1000 | DSXG 5000-2000 |
| --- | --- | --- |
| 机重（操作重量） | ≤20t | ≤21t |
| 整车外形尺寸（长×宽×高） | 9100mm×2400mm×3400mm | 11500mm×3050mm×3450mm |
| 发动机功率 | ≥150kW | ≥210kW |
| 水箱容积 | 3000L | 5000L |
| 泡沫箱容积 | 1000L | 2000L |
| 驱动形式 | 4×4 | |
| 最大爬坡角度 | <26° | |
| 最小离地间隙 | 400mm | 485mm |
| 防火犁入土深度 | / | 500mm |
| 最大牵引力 | ≥110kN | ≥190kN |
| 发泡倍数 | 8倍 | 8倍 |
| 消防炮泡沫射程 | ≥30m | ≥40m |
| 消防枪泡沫射程 | ≥30m | ≥40m |
| 泡沫输送距离 | ≥800m | ≥1000m |
| 泡沫输送高度 | ≥200m | ≥300m |
| 行走喷射隔离带距离 | ≥30m | ≥40m |
| 自保喷头数量 | 12个 | 12个 |
| 自保喷头保护位置 | 轮胎、驾驶室、油箱 | |

## 适用场景

适用于森林草原消防的抢险灭火、清障开路、清理火场等。

**车辆标准配置**

　　消防车本体、设置于消防车本体前端的清障开路铲斗、设置于消防车本体后端的防火开沟翻土装置，消防车本体上安装有压缩气体泡沫装置；清障开路铲斗包括支撑臂、举升缸、翻斗缸、翻斗臂以及铲斗等。

**注意事项**

- 未取得相应驾驶证或未经培训禁止驾驶和使用车辆。
- 启动前需要检查燃料是否充足，各部分润滑是否良好。
- 开路铲斗落下时应慢降轻落，以防铲尖变形或损坏。
- 做好车辆保养工作。及时添加油料、防冻液等，清洗和擦拭车辆，检查、调整、紧固和润滑各机件，排除车辆各部故障，清除脏污，补充车内备件和附属品。

如遇上述未提及事项，请严格参照产品使用手册操作。

# 模块化履带式应急救援车辆

模块化履带式应急救援车辆,是遵循"全灾种、大应急"救援体系建设对新装备智能化、轻型化、模块化、标准化要求研制生产的新型应急救援系列装备。

森林草原消防系列模块：运兵模块、消防模块、远程输水系统模块、防火隔离带开设模块、草原灭火模块。

## 性能特点

车辆按照标准化、模块化原则生产,在标准履带式底盘基础上,可快速更换不同应急救援作业上装,提供全场景、全流程的解决方案和产品,实现"1+N"的多功能应急救援装备系列化裂变,真正意义上实现模块化、标准化,实现一机多能、一机多用,大幅拓展履带式应急救援车辆使用场景,适用于更多灾害类型、大幅度提高车辆使用效率。

车辆具备高机动性、高通过性、高可靠性等特点,同时具备破障开路能力、大承载能力和浮渡能力。满载情况下能顺利通过森林、沼泽、丘陵、雪地、沙漠、河流湖泊等无道路地区,将应急救援人员、物资、器材设备等快速、安全的运达灾害现场,实施救援作业。

车辆结构紧凑,自身重量轻,在林区通行能力极强,平均越野速度达到35km/h,能翻越32°陡坡和25°侧倾坡,能跨越1.8m壕沟,能撞倒(断)25cm的树木,能在狭窄地段实现360°原地调头。

## 技术参数

| 模块化标准底盘 | |
|---|---|
| 长×宽×高 | 6000mm × 2800mm × 2600mm |
| 额定乘员 | 3人 |
| 空车自重 | 10t |
| 额定载重 | 4.5t |
| 发动机功率 | 220kW（国四） |
| 最大车速 | 40km/h |
| 最大爬坡 | 32° |
| 最大侧倾坡 | 25° |
| 最大越壕宽 | 1.8m |
| 作业模块更换时间 | ≤20min |

| 森林消防模块 | |
|---|---|
| 外形尺寸 | 3200mm × 2800mm × 1500mm |
| 额定载人 | 10人 |
| 水箱容积 | 3m³ |
| 水泵功率 | 10kW |
| 最大扬程 | 60m |
| 最大流量 | 600L/min |

| 远程输水模块（单套） | |
|---|---|
| 水箱容积 | 3m³ |
| 系统工作压力 | 3Mpa |
| 最远输水距离 | 4km |
| 水带口径 | 40mm |
| 最大扬程 | 300m |
| 最大流量 | 20m³/h |
| 水带铺设速度 | 15km/h |
| 水带自动回收速度 | 3km/h |
| 可实现远程接力 | |

| 运兵模块 | |
|---|---|
| 外形尺寸 | 3200mm × 2800mm × 1500mm |
| 额定载人 | 28人 |
| 额定载重 | 4.5t |

| 防火阻隔带开设（开带机） | |
|---|---|
| 开带功率 | 150kW |
| 一次开设宽度 | 2.48m |
| 最大开设速度 | 10km/h |

## 适用场景

　　模块化履带式应急救援车辆广泛适用于自然灾害抢险救援、消防救援作业及保障、危化类灾害处置等工作，其中特别适用于森林、草原火灾的扑救使用要求。同时能满足特种地形、特殊环境下的工程作业及抢险救援需求，如：石油、天然气、供水供电等管道的运输、检测与抢修。

# 无人物资伴随保障车

**性能特点**

整车采用轻量化设计，承载可达 450kg，全车采用油—电混合动力，具备纯电和混合动力两种动力模式，"双电机＋机械传动"构造，6×6 全轮驱动，无级变速、中心转向，可涉水行驶，能够适应多种复杂路面快速机动。

具备便携终端远程操控，导航和定位、自主行驶及避障、预设路径跟踪、自主和半自主跟随、人机交互等功能，可满足多种任务需求。

整车通用化程度高、车辆具有为变型车作业装置提供动力的能力，整车承载质量、总体布局和系统结构设计等，可满足其他多种车型的变型发展需要。

## 技术参数

| 车身参数 | |
|---|---|
| 整车外形尺寸（长×宽×高） | 2400mm×1600mm×1250mm（不含天线） |
| 整备质量 | 800kg |
| 额定承载质量 | 450kg |
| 轴距 | 760mm |
| 最小离地间隙 | 270 |
| 性能参数 | |
| 动力模式 | 具备纯电和混合动力两种模式 |
| 最大速度 | 50km/h |
| 最大爬坡度 | 32° |
| 最大侧倾坡度 | 25° |
| 最大越壕宽 | 0.6m |
| 最大越障高 | 0.3m |
| 最大涉水深 | 0.5m |
| 最大行程 | 100km |
| 操控方式 | 便携终端操控 |
| 便携操控终端遥控通信最小距离 | 2km（开阔地） |
| 自主跟随方式 | 半自主/自主<br>半自主采用有线牵引方式跟随人员目标行驶 |
| 自主跟随最小速度 | 3km/h |

## 适用场景

主要为抢险救灾人员，进行给养、器材和物资等的伴随保障，也可执行被困区域人员或受伤人员后送任务。

# 给排水车

常用的为远程供排水抢险车。

远程供排水
抢险车

## 性能特点

整车越野性强，自吸深度大、吸程远；压力大、扬程高、流量大、输送距离远；整车为一车多用型车辆，车顶可停放小型无人机，车辆前放可选配绞盘，尾部设有牵引钩，车顶安装有升降照明灯，可同时实现火场侦查、供水、不入、照明、牵引等多功能的特点。整车设计美观实用，器材布局合理，为充分扩大使用空间，泵体管路系统隐藏在车辆后尾部下部，提高了器材存放空间，可满足 3000m 水带和常用器材存放；可利用水带分段、分区、分枪头灭火，可同时支持四支水枪同时灭火，提高消防人员灭火效能。

### 技术参数

| 车辆技术参数 | | 远程供水灭火系统技术参数 | |
|---|---|---|---|
| 整车尺寸 | 5960mm，5995mm×1880mm×2260mm | 泵流量 | 18kg/h |
| 总质量 | 3550kg | 进/出水口径 | 65/40mm |
| 发动机功率 | 103kW | 扬程 | 800m |
| 最高车速 | 120km/h | 泵自吸深度 | 8m |
| 罐体容积 | 1.5m³ | 水枪射程 | ≥30m |
| 输送距离 | 5000m | 出水口数量 | DN25\DN40（各两个） |

车辆标准配置：四轮驱动、双排驾驶室、2.4T 涡轮增压、机械 5 挡手动，前置分时四驱，非独立悬架，液压助力，非承载式车身，前盘后鼓刹车、ABS+EBD、USB 接口、卤素大灯、空调、涉水深渡 600mm、百公里油耗 10.6L

### 适用场景

　　广泛应用于丘陵、山地、草地、河谷、森林等地带巡逻，及时发现火情，扑灭小型火灾。

本节
数字资源

# 消防运兵车 | 二

消防运兵车是装备有警报和防护装置,用于运送消防救援官兵的厢式专用运输汽车,并能装载随行人员的装备,保证车辆在兼顾运兵的同时,还能实现装备输送。

## ● 轮式消防运兵车

轮式消防
运兵车

### 性能特点

整车越野性强,是一款演习和实战的综合性车型。特点就是机动灵活、速度快、操控性好、驾驶舒适。车辆配备器械柜、行李架、爬梯、警灯车载电台等专用设备。底盘形式为前置分时四驱,配 2.4T 涡轮增压、机械 6 挡手动、液压助力,非承载式车身、ABA、中控锁、遥控钥匙、USB 接口、卤素大灯、前后电动车窗、空调、百公里油耗 8.4L,最大爬坡度 30°,最大涉水深度 600mm。

### 技术参数

| 整车尺寸 | 5110mm×1840mm×2510mm |
|---|---|
| 总质量 | 2680kg |
| 发动机功率 | 155kW |
| 排放标准 | 国Ⅵ |
| 最小离地间隙 | 225mm |
| 接近角/离去角 | 42°/29° |
| 轮胎规格 | 265/75R16LT 10PR |
| 最高车速 | 130km/h |
| 额定载客（含驾驶员） | 9人 |

### 适用场景

主要用于特种人员的运送，安全和舒适，可用于特警快速出警、大型活动安保、警力装备输送等使用，并能装载随行人员的装备。广泛适用于军队、公安特勤、医疗卫生部门的自然灾害抢险、消防救援保障，以及丘陵、山地、凹地、河谷、森林等地带巡逻，及时发现火情保障人民国家财产安全；还可运用石油、化工、天然气、供水供电等管道的检测与抢修。

## ● 越野运兵车

全地形消防救援突击车主要包括 8×8 水陆两栖全地形车和全地形双节履带式消防车救援车。

### 8×8 水陆两栖全地形车

8×8 水陆两栖全地形救援车

#### 性能特点

采用 8×8 全轮驱动，差速器进行制动和转向，无级变速，全密封车身，或加装喷泵。具备 48° 的爬坡能力，且能原地掉头。最高时速可达每小时 50km，并且可以在不同的极端温度（±45℃）环境中长时间稳定运行。

该车设计喷水灭火装置，加装消防灭火水泵和高压节能清理泵。消防水泵可在高压下连续喷水 15min，高压节能水泵可连续喷水 1.5h 以上，实现行驶中灭火作业消防泵和高压节能清理水泵可单独同时作业。并设有水箱外接口，可利用城镇消防车为该车补水。

车辆传动系统是齿轮箱、轴传动系统，是采用当前的领先技术——使用齿轮箱的传动方式，颠覆了传统的链条传动方式，确保车辆稳定性。齿轮箱传动已获发明专利，并授权实用新型专利证书 7 项。

## 技术参数

| 车身参数 | |
|---|---|
| 车身尺寸 | 3495mm×825mm×1240mm |
| 整车整备质量 | 830kg |
| 额定载重 | 陆地 700kg(或 8 人) |
| | 水上 450kg（或 6 人） |
| 轴距 | 700mm×700mm×700mm |
| 轮距 | 1500mm |
| 最小离地间隙 | 270mm |
| 座位数 | 8 个 |
| 性能参数 | |
| 驱动形式 | 陆地：全轮驱动 |
| | 水上：轮胎划水驱动 |
| 最高车速 | 陆地：60km/h |
| | 水上：8km/h（轮胎划水） |
| 越障高度 | 380mm |
| 最小转弯半径 | 左转 750mm；右转 700mm |
| 最大爬坡角 | 48° |
| 接近角 | 47.7° |
| 离去角 | 60.1° |
| 轮胎规格 | 25*12-9NHS |
| 动力参数 | |
| 发动机型式 | 直列三缸、四冲程、水冷、顶置双凸轮轴 |
| 发动机排量 | 800ml |
| 标定功率及转速 | 39kW(6000±50r/min) |
| 燃油牌号 | 车用 92# 及以上牌号无铅汽油 |
| 变速型式 | CVT+2 挡前进挡、空挡、倒挡 |

## 适用场景

适用于城市内涝、水域救援、消防灭火、人员转移、运送物资等场景。

# 全地形双节履带式消防车救援车

全地形双节
履带式车

## 性能特点

车辆为前后双体结构，前后同时驱动，利用静液压铰接扭腰式转向装置连接。每节车厢由底盘部分、车体部分、传动部分、行动部分组成。车身采用航空级合金铝材料，坚固耐用，比钢材质轻，同时比较耐腐蚀。车厢采用耐火玻璃纤维增强塑料（FRP）制成，起到耐用、隔热、阻燃等作用。前后车顶棚设有逃生、观察、通风功能的上舱盖。该车设计可保证在极端条件下使用，前后车厢均设有供暖装置和开闭窗户，乘员室设计安装了柴油暖风机，能够保证乘员在寒冷季节的供暖要求。

具有浮渡能力，条件具备时可涉水与浮渡，靠四条履带划水前进，可自由穿行于雪地、沙漠、沼泽、丘陵、森林、湖泊、泥泞路等地带，具备极强的跨壕沟和障碍等能力。前车可载重1000kg，后车可载重3000kg，总载重4000kg；运兵载人数前车6人，后车14人，总载人数20人；车棚上部设计了护栏，并可运载物资装备给养400kg。

消防车在运兵车的基础上，对后车进行设计喷水灭火装置，采用车棚水箱一体式结构，加装消防灭火水泵和高压节能清理泵。消防水泵可在高压下连续喷水15min，高压节能水泵可连续喷水1.5h以上，实现行驶中灭火作业消防泵和高压节能清理水泵可单独同时作业。此外，还配备了与现有森林消防水泵管带，能够元配对接的外接口，实现与水泵分队结合的远程供水模式。并设有水箱外接口，可利用城镇消防车为该车补水。水箱前部设有独立的载物空间，尾部设有泵手操作室，可单人操作双泵。该车载水2600kg，含饮用水200L，车棚上部设计了护栏，并可运载物资装备给养400kg，前后车载重共计4000kg。

**技术参数**

| 车身参数 | | | | |
|---|---|---|---|---|
| 车身尺寸 | 长 | | 宽 | 高 |
| | 7680mm | | 1900mm | 2340mm |
| 整备质量 | 前车厢 | | 后车厢 | 总计 |
| | 3050kg | | 2550kg | 5600kg |
| 有效额载 | 1000kg | | 3000kg | 4000kg |
| 毛重 | 4050kg | | 5550kg | 9600kg |
| 乘客 | 6人 | | 14人 | 20人 |
| 货仓体积 | 3.5m³ | | 6.5m³ | 10m³ |
| 载水量 | ≥3t，含500kg饮用水 | | | |
| 特殊配备 | 消防泵<br>（实现行驶中灭火作业）<br>高压节能清理水泵<br>远程供水设备 | | | |

| 性能参数 | | | 动力参数 | |
|---|---|---|---|---|
| 最高速度 | 陆地 | 67km/h | 发动机型号 | F1CE8481K |
| | 水上 | 9.8km/h | 自动变速箱 | NJL6R40A |
| 爬坡能力 | 硬路面 | 48° | 排量 | 2.998L |
| | 积雪路面 | 30° | 发动机功率 | 125kW（170ps） |
| 最大边坡爬度 | | 36° | 扭矩 | 460NM |
| 最大沟槽跨越 | | 1.5m | 档位 | 全自动齿轮箱<br>6前进挡，1倒档 |
| 加满油续航里程 | | 400km | 转弯半径 | 6M |
| 最低工作温度 | | -45℃ | 履带 | 橡胶履带 宽度：620mm |

**适用场景**

　　适用于军队的后勤保障、边防巡逻、森林防火灭火、抗洪抢险救灾、石油勘探、应急救援等诸多领域。

# 全地形高压细水雾森林消防救援车

## 性能特点

采用高压细水雾及泡沫灭火技术，灭火能力和效率高；本车载水及泡沫液容积 400 多 L，水箱配备森林消防接口及 KD65 消防接口，可依托中继水囊、蓄水池、天然水源等进行持续供水，自带电动自吸泵。水管长度最大可达 400m，采用电动卷盘进行水管的收放，可遥控操作，方便消防人员操作；水枪采用细水雾、水柱两种喷射模式，且水枪与水管通过快换接头连接，可同时配备两把枪，方便消防人员灭火时协同配合。铰接式车身设计和双叉臂独立悬挂系统使得四轮或六轮全时着地，增大了车辆的驱动力，越野和爬陡坡能力强。

全地形高压细水雾森林消防救援车

**技术参数**

| 车身系统 | | 细水雾系统 | |
| --- | --- | --- | --- |
| 电机类型 | 永磁同步电机 | 电机功率 | 7.5kW |
| 电池类型 | 磷酸铁锂 | 水泵类型 | 柱塞泵 |
| 电池能量 | 2×16.13kWh | 工作流量 | 30L/min |
| 最大功率 | 2×15kW | 工作压力 | ≥100Bar |
| 最大扭矩 | 2×3150Nm | 细水雾射程 | ≥9m |
| 最高车速 | 45km/h | 水柱射程 | ≥14m |
| 最大爬坡度 | 60%~70% | 水箱容积 | 400L |
| 最小离地间隙 | 285mm | 泡沫箱容积 | 30L |
| 额定载荷 | 700kg | 水管长度 | 50~400m |

**适用场景**

　　高压细水雾灭火用水量小，非常适用于森林消防水源匮乏的场景。以水为主要灭火剂进行灭火，通过添加一定比例的A类或B类泡沫液，适用范围更加广泛，适用于A、B、E类等多种类型火灾救援，对于森林初期火灾及扑灭残火效果更佳。

## ● 履带运兵车

常用的有 LY1352JP 型履带式森林消防运兵车和 LY502J 型履带式森林消防运兵车。

### 性能特点

LY502J 型履带式森林消防运兵车外形尺寸、小机动灵活、爬坡能力强，专门用于在复杂地形条件下向灾害现场运输人员、器材和物资。

### 技术参数

| 整车参数 | | |
|---|---|---|
| 车辆型号 | LY502J | LY1352JP |
| 外型尺寸（长×宽×高） | 4020mm×1400mm×2250mm | 6800mm×2750mm×2675mm |
| 车载人数 | 8人 | 14人 |
| 结构质量 | （4000±0.5%）kg | 10640kg<br>3000kg |
| 轨距 | 1120mm | 1980mm |
| 轴距 | 1600mm | 2800mm |
| 离地间隙 | 355mm | 540mm |
| 适应工作坡度 | 纵向≤30°<br>横向≤18° | 纵向≤35°<br>横向≤15° |
| 最高车速 | 12.39km/h | 15.06km/h |
| 发动机参数 | | |
| 发动机型号 | 3100A-1 | LR4M3LR22/1030 |
| 标定功率/转速 | 36kW/2400（r/min） | 99.3W/2200（r/min） |
| 配置设备 | 电动绞车 | 液压绞盘 |
| 额定牵引力 | 58970N | 30000N |
| 钢索直径 | 9.5mm | 14mm |
| 钢索长度 | 24M | 40M |
| 其他配置 | 前排障推土铲：宽 2750mm×深 168mm | |

### 主要结构组成

LY502J 型、LY1352JP 型履带式森林消防运兵车主要由驾驶室、乘员舱、行走机构、推土铲组成，LY502J 型可乘载 8 人，LY1352JP 型可乘坐 14 人其中驾驶室 4，乘员舱可乘载 10 人。

### 适用场景

LY1352JP 型履带式森林消防运兵车是以履带式林用车辆技术性能要求为基础，在集材 –50A 底盘为蓝本重新设计的变形产品，既保留了履带集材机爬坡能力强、林地适应性好及通过性高的优点，又重新配置了大功率发动机、新型半刚性悬架及加强式车架等结构，明显提高了整车动力性、载重能力和稳定性，同时具有大载量给养运送、防火隔离带开设、应急道路快速开通、野外营地开拓和车辆自救互救等功能。

### 注意事项

- 未取得相应驾驶证或未经培训禁止驾驶和使用车辆。
- 启动前需要检查燃料是否充足，各部分润滑是否良好。
- 履带式森林消防运兵车选路时，最大纵向坡度不得超过 35°，最大横向坡度不得超过 15°。
- 引水前要检查泵系统各出口是否关闭，不允许系统内腔与外界大气相通。
- 车辆在温度低于 4℃停放时，要将水箱和水泵中的剩余水放净，防止冻裂水管和泵体。
- 作业时要密切注意火场风向变化，防止火势突变，造成车辆烧毁或人员伤亡。
- 推土铲落下时应慢降轻落，以防铲尖变形或损坏。
- 作业结束后，应清理铲面的淤泥和杂草。
- 定期检查推土铲机构磨损情况，磨损严重的零部件应及时更换。

如遇上述未提及事项，请严格参照产品使用手册操作。

## 三 后勤保障

本节
数字资源

## 炊事车

炊事车

**性能特点**

盘选用汕德卡系列重型卡车，采用先进水平的 MC07 电控高压共轨发动机，利用先进的燃烧模拟分析，优化了燃烧室和进排气结构，使得燃烧效率大大提高，并采用高效涡轮增压技术并进行良好匹配，符合 GB17691-2018 国Ⅵ标准，发动机功率强悍节能减排。MC07 发动机中置喷油器结构及超宽经济转速带设计，升功率显著提高。驾驶室配备通风冷暖空调，室内 LED 照明，驾驶员座椅高度、角度、前后位置可调；车内配置储物箱；车门开启角度约 90°，配有安全扶手；上下车踏板坚固、防滑，配有上车门灯。

**技术参数**

| 整车尺寸 | 10440mm×2550mm×3875mm/3950mm |
|---|---|
| 总质量 | 16200kg |
| 整备质量 | 15070kg |
| 发动机功率 | 240kW |
| 接近角/离去角 | 16°/9° |
| 轮胎规格 | 295/80R22.5 18PR |
| 最高车速 | 110km/h |
| 额定载客（含驾驶员） | 2~3人 |

**主要结构组成**

整车主要由机动性能较高的二类底盘、两侧拓展翻板系统、水电保障系统、餐厨设备等组成。

**适用场景**

餐车专用于改善野外餐饮保障条件，提高野外执行任务保障能力。广泛适用于军队、公安特勤、消防、医疗卫生、抢险、应急救援等多种用途。车内配置齐全，完全满足在野外抢险救援、医疗救护、救灾、突发事件等情况下100~300人的餐饮保障用途。

# 宿营车

宿营车

JDF5180TSYZ6 型宿营车主要由车体、驾驶室、乘员室、后车厢休息室组成，可同时满足 8~24 人宿营。

## 性能特点

- 宿营功能。可同时满足 8~24 人宿营。
- 淋浴功能。独立卫生间可供每组 1 人淋浴，淋浴水温 38~60℃可调，室内整体防水处理。
- 储水量。净水罐储水量约 500L；污水箱收纳量约 400L。
- 水路管网水压。工作状态下常压 0.2~0.4MPa。
- 温度调控。中央冷暖空调制热量 3kW，制冷量 5kW；选配燃油暖风机加热功率 7kW，能满足野外环境下室内温度 20~30℃范围可调。
- 通风能力。门窗开启状态自然通风换气能力约 100~200m³/h，电动强制排风换气扇最大风量 900m³/h。
- 自供电能力。发电机功率 5kW，额定电压 220V，标准工况单次供电时长 4~6h。

## 技术参数

| 外形尺寸（长×宽×高） | 10440mm×2550mm×3990mm |
|---|---|
| 质量参数 | 总质量：18000kg |
| 前轮距/后轮距 | 1900/1850mm |
| 发动机型号 | MC07.31-60 |
| 排量/功率 | 6870/228ml/kW |
| 轴距 | 5600mm |
| 最小离地间隙 | 280mm |
| 接近角/离去角 | 16°/11° |
| 最高车速 | 95 km/h |
| 额定载客（含驾驶员） | 2人 |
| 驱动形式 | 四驱动力 |
| 燃油种类 | 柴油 |

### 车辆标准配置

可调方向盘、空调、多媒体音响、ABS制动行驶记录仪兼北斗系统接口、遥控中控锁、电动玻璃升降器、车身喷涂防火标识、双侧液压电动展开。机动性能较高的二类底盘、两侧拓展舱系统、水电保障系统、影音系统、空气调节系统、住宿设备。

### 适用场景

专用于改善野外住宿条件,提高野外执行任务保障能力。广泛适用于军队、公安特勤、消防、医疗卫生、抢险、应急救援等多种用途。车内配置齐全,完全满足在野外抢险救援、医疗救护、救灾、突发事件等情况下8~24人的宿营用途。

### 注意事项

- 未取得相应驾驶证或未经培训禁止驾驶和使用车辆。
- 启动前需要检查燃料是否充足,各部分润滑是否良好,所需装备是否完善等;启动后需注意用电安全,保证在使用时安全。
- 车辆在温度低于4℃停放时,要将水箱和热水器中的剩余水放净,防止冻裂水管和泵体。
- 出车前,行车中,收车后的"一日三检"准则,确保行车安全。
- 在车辆行进过程中,因路途原因此不能确保满足的横向安全距离时,应缓慢行进经过,保证随行人员的安全。
- 车辆掉头,应挑选路途较宽,车流量较小的地域;在容易发生风险的路途禁绝掉头和倒车。
- 在通常下坡道上暂时泊车时,应使发动机熄火,拉紧驻车制动器手柄,将变速杆挂入倒挡。

如遇上述未提及事项,请严格参照产品使用手册操作。

# 第四章
# 灭火通信装备

本章
视频资源

  消防通信装备是指日常值勤和扑火作业时用于语音、数据、视频传输的装备。按使用频率分为短波、超短波、微波、卫星等通信装备；按携行方式分为手持、背负、便携、车载、机载等通信装备；按传输带宽分为窄带通信装备和宽带通信装备。

# 一 短波通信装备

短波是指波长为 10～100m（频率为 3～30MHz）的无线电波，电波传播有两种形式：一种是地波传播，另一种是天波传播。地波传播是指无线电波沿地球表面进行传播，其通信距离可达几十千米；天波传播是指无线电波经高空电离层反射而达到地面接收点的，其通信距离可达几百千米或上千千米。

短波通信的主要优点：不需要建立中继站即可实现远距离通信，因而建设和维护费用低，建设周期短；不用支付其他费用，运行成本低；通信设备简单，体积小，容易隐蔽，破坏后容易恢复；调度容易，临时组网方便、迅速，具有很强使用灵活性；对自然灾害或战争的抗毁能力强。

短波电台属于窄带通信装备，只能进行语音和报方通信，适用中远距离通信，包括背负短波电台、车载短波电台、固定短波电台 3 种类型。背负短波电台主要用于分队徒步行进中使用；车载短波电台通常安装在指挥车上，主要用于队伍摩托化开进中或临时通信枢纽开设使用；固定短波电台通常安装在后指指挥中心，主要与车载短波电台、背负式短波电台进行通信。

# 背负短波电台

背负短波电台一种森林草原消防队员可单兵携带、通过发射的方式将灭火弹投掷到火点的灭火装置。由发射架和灭火弹组成,发射架有地面支撑遥控式和灭火队员肩负发射式两种。

**技术参数**

| | |
|---|---|
| 频率范围 | 1.6000～29.9999MHz |
| 频率间隔 | 100Hz |
| 电源适应 | 直流 12～16.8V |
| 重量 | ≤4kg(不包括电池) |
| 温度 | 工作温度:-40～65℃<br>存贮温度:-50～70℃ |
| 尺寸(20W 电台)<br>(宽×高×厚) | ≤255mm×84mm×176.5mm |

**发射机指标**

- 输出功率:大功率:峰包功率 20W±1dB,平均功率≥15W。中功率:峰包功率 5W±1dB,平均功率≥4W。小功率:峰包功率 1W±1dB,平均功率≥0.5W。
- 发射功耗:≤65W(工作电压为 12V 下测量)。

**接收机指标**

- 接收灵敏度:单边带话≤1μV(信纳德 12 dB)。
- 话路音频响应:≤3dB(300～3000Hz 内变化)。
- 总失真系数:≤3%。
- 接收功耗:≤9.9W。
- 音频输出:在 600Ω 非平衡负载上输出额定值:2.5±0.5V;最大值:≥5.6V。

## 车载短波电台

**技术参数**

| | |
|---|---|
| 频率范围 | 1.6000～29.9999MHz |
| 频率间隔 | 10Hz |
| 电源适应 | 125W 电台：直流 19.2～32.4V |
| 重量 | 125W 电台：≤ 19.5kg |
| 温度 | 工作温度：-40～65℃<br>存贮温度：-50～70℃ |
| 尺寸 125W 电台（宽×高×厚） | ≤ 278mm × 217mm × 325mm |

**发射机指标**

- 输出功率：大功率：峰包功率 125W±1dB，平均功率≥ 85W；中功率：峰包功率 50W±1dB，平均功率≥ 40W；小功率：峰包功率 20W±1dB，平均功率≥ 10W。
- 发射功耗：≤ 500W（工作电压为 24V 下测量）。

**接收机指标**

- 接收灵敏度：单边带话 ≤ 1μV（信纳德 12 dB）。
- 话路音频响应：≤ 3dB（300～3000Hz 内变化）。
- 总失真系数：≤ 3%。
- 接收功耗：≤ 8.6W，工作电压为 24V 下测量。
- 音频输出：在 600Ω 非平衡负载上输出额定值：2.5±0.5V；最大值：≥ 5.6V。

## 固定短波电台

固定短波电台与车载短波电台主机相同，固定短波电台安装在固定办公场所，车载短波电台安装在通信车上。

## 二 超短波通信装备

　　超短波通信装备是指使用频率为 30～300MHz 电磁波进行无线电通信的设备。超短波电台主要用于语音通信，依靠空间波传播，空间波包括直射波和反射波。超短波电台通信距离与发射功率、天线增益、天线高度及地形地貌有关。

　　超短波电台属于窄带通信装备，只能进行语音和报文通信，适用一定距离通信。主要包括手持台、车载台、中继台、集群通信等。通常情况下手持台在林内通信距离大约 1～3km；车载台在林内通信距离 5～10km；中继台架高覆盖半径可达几十千米，在林内覆盖半径 5～10km。

　　超短波电台是森林消防常规通信装备，是一种一点对多点进行通信设备，可使许多人同时彼此交流，但是在同一时刻只能有一个人讲话。与其他通信方式相比，这种通信方式的特点：即时沟通、一呼百应、经济实用、运营成本低、不耗费通话费用、使用方便，同时还具有组呼通播、系统呼叫、机密呼叫等功能。在处理紧急突发事件或进行调度指挥中，其作用是其他通信工具所不能替代的。

　　**超短波电台主要特点：**
- 不受网络限制，在网络未覆盖到的地方，对讲机可以让使用者轻松沟通；
- 提供一对一、一对多的通话方式，一按就说，操作简单，令沟通更自由，特别是在紧急调度和集体协作工作的情况下，这些特点是非常重要的。

第四章　灭火通信装备

# 手持台

## 技术参数

| 无线制式 | DMR/PDT |
|---|---|
| 频段范围 | VHF 136～174MHz；<br>UHF 350～400MHz/400～470MHz |
| 信道容量 | 1024 |
| 区域容量 | 64 |
| 信道间隔 | 25/20/12.5KHz |
| 工作电压 | 7.4V |
| 电池 | 2000mAh |
| 电池平均工作时间 | 19.5h（5/5/90 工作循环） |
| 天线阻抗 | 50Ω |
| 外形尺寸<br>（高×宽×厚） | 131mm × 55mm × 36mm |
| 重量 | 361g |
| 输出功率 | 1W |
| 工作温度范围 | -30～60℃ |
| 储存温度范围 | -40～85℃ |
| 防护等级 | IP68 |

森林草原消防装备

# 车载台

### 技术参数

| | |
|---|---|
| 无线制式 | DMR/PDT |
| 频段范围 | VHF 136～174MHz<br>UHF 350～400MHz/400～470MHz |
| 信道容量 | 1024 |
| 区域容量 | 64 |
| 外形尺寸<br>（高×宽×厚） | 174mm×60mm×200mm |
| 重量 | 1700g |
| 工作温度范围 | -30～60℃ |
| 储存温度范围 | -40～85℃ |

# 中继台

## 技术参数

| 无线制式 | DMR/PDT |
|---|---|
| 频率范围 | UHF 350～400MHz |
| 信道间隔 | 12.5kHz |
| 尺寸（高×宽×厚） | 320mm×190mm×70mm |
| 重量 | 3.7 kg（含天线与电池） |
| 供电方式 | 内置电池供电<br>外部电源适配器供电<br>外置蓄电池供电 |
| 充电方式 | 整机充电，电池独立充电，电池容量为 236Wh/14.8V |
| 待机电流 | <0.55A |
| 发射电流 | 10W |
| 发射功率 | <4A/25W；发射功率 < 5A |
| 定位 | 北斗/GPS |
| 输出功率 | 1～25W 连续可调 |
| 工作温度 | -30～60℃ |
| 存储温度 | -40～85℃ |
| 防水防尘 | IP67 |

## 三 无线自组网装备

无线自组网通常是由一组带有无线收发装置的可移动节点组成的无中心网络。与有基础设施的网络相比，无线自组网能够不依赖线缆、基站、微波中继站等基础设施，网络中的每个节点既作为路由器又作为用户终端，通过单跳直达或者多跳中继的方式进行无线通信。

无线自组织根据传输带宽不同区分窄带自组网和宽带自组网，窄带无线自组网主要包括手持台、背负台和车载台3种类型，只能进行语音、定位和报文等业务通信；宽带无线自组网是未来发展方向，主要包括手持台、背负台、车载台、机载台4种类型，能进行语音、数据、图像、视频等业务通信。

（1）独立组网无线自组网具有独立组网能力，即网络的布设无须依赖于任何预先架设的网络设施。节点开机后就可以快速、自动地组成一个独立的网络。

（2）无中心无线自组网采用无中心结构，所有节点的地位平等，组成一个对等式网络，其中的节点可以随时加入和离开网络，任意节点的故障不会影响整个网络的运行。与有中心网络相比，无线自组网具有很强的抗毁性。

（3）无线自组网没有严格的控制中心，所有节点通过分层的网络协议和分布式算法协调各自的行为。无中心和自组织特点使得无线自组网可以实现快速自动组网。

（4）多跳路由由于节点发射功率的限制，节点的覆盖范围是有限的。当要与其覆盖范围之外的节点进行通信时，需要中间节点的转发，支持多跳通信。

（5）网络拓扑结构动态变化。在移动自组织网络中，由于用户终端的随机移动、节点的随时开机和关机、无线发信装置发送功率的变化、无线信道间的相互干扰以及地形等综合因素的影响，移动终端间通过无线信道形成的网络拓扑结构随时可能发生变化，而且变化的方式和速度都是不可预测的。

# 手持台

## 技术参数

| | |
|---|---|
| 频率范围 | L 频段 1.4G（可定制） |
| 射频带宽 | 4/8/10/14/20/25/30MHz 可选 |
| 最大码流 | >90Mbps |
| 载波调制 | TDD OFDM |
| 调制方式 | QPSK/16QAM/64QAM |
| 射频通道 | 2×Tx&2×Rx |
| 发射功率 | 2×1W |
| 接收灵敏度 | -99.5dBm@10MHz7Mbps |
| 地地距离 | 1~3km（通视） |
| 整机功耗 | ≤15W |
| 外形尺寸（高×宽×厚） | 216mm×80mm×32mm |
| 整机重量 | <800g（含电池） |
| 充电电池 | 内置 45Wh 锂电池，可拆卸 |
| 组网规模 | 32 节点 |
| 组网模式 | TDMA 自适应 |
| 多跳传输 | >9 跳 |
| 内置模块 | WiFi/GPS/ 北斗 |
| 通信接口 | 支持 1 路 IP 网口 |
| 防护等级 | IP66 |

森林草原消防装备

# 背负台

### 技术参数

| 频率范围 | L 频段 1.4G（可定制） |
|---|---|
| 射频带宽 | 2/4/8/10/14/20/25/30MHz 可选 |
| 最大码流 | >90Mbps |
| 载波调制 | TDD OFDM |
| 调制方式 | QPSK/16QAM/64QAM |
| 射频通道 | 2×Tx&2×Rx |
| 发射功率 | 2×2W |
| 接收灵敏度 | -99.5dBm@10MHz7Mbps |
| 地地距离 | 3~5（通视） |
| 整机功耗 | ≤25W |
| 外形尺寸（高×宽×厚） | 240mm×150mm×45mm |
| 整机重量 | <2500g（含电池） |
| 充电电池 | 内置130Wh 锂电池 |
| 组网规模 | 32 节点 |
| 组网模式 | TDMA 自适应 |
| 多跳传输 | >9 跳 |
| 内置模块 | WiFi/GPS/北斗 |
| 语音功能 | 支持 PTT 对讲 |
| 防护等级 | （19）：IP67 |
| 工作电压 | DC18~28V |
| 工作温度 | -20~60℃ |

## 车载台

### 技术参数

| | |
|---|---|
| 频率范围 | L 频段 1.4G（可定制） |
| 射频带宽 | 2/4/8/10/14/20/25/30MHz 可选 |
| 最大码流 | >90Mbps |
| 载波调制 | TDD OFDM |
| 调制方式 | QPSK/16QAM/64QAM |
| 射频通道 | 2×Tx&2×Rx |
| 发射功率 | 2×10W |
| 接收灵敏度 | -99.5dBm@10MHz7Mbps |
| 地地距离 | 5～7km（通视） |
| 整机功耗 | ≤40W |
| 外形尺寸（高×宽×厚） | 240mm×165mm×60mm |
| 组网规模 | 32 节点 |
| 组网模式 | TDMA 自适应 |
| 多跳传输 | >9 跳 |
| 初始化时间 | <30s |
| 内置模块 | WiFi/GPS/ 北斗 |
| 语音功能 | 支持 PTT 对讲 |
| 整机重量 | <2950g（含电池） |
| 防护等级 | IP67 |

# 机载台

**技术参数**

| 频率范围 | L 频段 1.4G（可定制） |
|---|---|
| 射频带宽 | 4/8/10/14/20MHz 可选 |
| 最大码流 | >90Mbps |
| 载波调制 | TDD OFDM |
| 调制方式 | QPSK/16QAM/64QAM |
| 射频通道 | 2×Tx&2×Rx |
| 发射功率 | 2×10W |
| 接收灵敏度 | -99dBm@200MHz5.8Mbps |
| 空地距离 | 200km（通视） |
| 整机功耗 | ≤120W |
| 外形尺寸（高×宽×厚） | 190mm×130mm×35mm |
| 整机重量 | ≤1200kg |
| 组网规模 | 32 节点 |
| 组网模式 | TDMA 自适应 |
| 多跳传输 | >9 跳 |
| 接口类型 | 1个 IP 接口、2个 RS232 接口、2个 RS422 接口 |
| 地地距离 | 6~7km（通视） |
| 工作温度 | -40~55℃ |

# 卫星通信装备 | 四

本节
数字资源

卫星通信是指利用人造地球卫星作为中继站转发或反射无线电波，在两个或多个卫星通信终端之间进行的通信。卫星通信不受时间、地点、环境等多种因素的限制，开通时间短、传输距离远、通信容量大、网络部署快、组网方式灵活、便于实现多址连接、通信成本与通信距离无关等诸多优点，是远距离宽带传输的重要通信手段。

卫星通信分窄带卫星通信和宽带卫星通信。窄带卫星通信只能进行语音、报文、定位等业务，包括北斗卫星终端、卫星电话；宽带卫星能进行语音、数据、视频等业务，根据频率分为Ka、Ku两个频段宽带卫星设备；根据携行方式分为卫星便携站、卫星车载站。

## ● 北斗卫星通信装备

北斗卫星导航系统（BeiDou Navigation Satellite System，BDS），简称北斗系统，是由我国自主研发、独立运行的全球卫星导航系统，与美国全球定位系统、俄罗斯全球轨道导航卫星系统、欧洲建设中的伽利略系统构成全球四大导航系统。具有授时、定位和短报文三大功能，主要包括手持、车载两种终端。

## 北斗手持机

北斗手持机 GISA BD50　　　　　　北斗手持机 GISA Z50

### 技术参数

| 基本参数 | |
| --- | --- |
| 尺寸和颜色 | 180.7×82×23.2/35mm，黑色/军绿色 |
| 触摸屏 | 5寸 HD IPS，G+FF，电容式触摸屏，5点触摸 |
| 分辨率 | 1080px×1920px 分辨率 |
| 操作系统 | Android 9.0 |
| CPU | 八核 2.3GHz 主频 |
| 机身内存 | 64GB（选配 128GB） |
| 运行内存 | 4GB（选配 6GB） |
| 指示灯 | 1个三色灯：低电量和充电显示红色，充满电显示绿色 |
| 主摄像头 | 1300 万（选配 1600 万） |
| 副摄像头 | 500 万（选配 800 万） |
| 闪光灯 | 高亮真闪光灯 |
| 蓝牙 | 支持蓝牙 4.0（BLE），通讯连接距离 ≤ 10m |
| WIFI | 支持 WIFI，AP 热点 2.4G/5.0G |
| NFC | 支持 13.56MHz NFC 近距离通讯（选配） |

（续）

| | |
|---|---|
| 卡座（二选一） | A 类：1 个公网卡座、2 个 RDSS 短报文卡座、1 个 TF 卡座（默认 A 类）<br>B 类：2 个公网卡座、1 个 RDSS 短报文卡座、1 个 TF 卡座 |
| 接口 | 标准 Type-C USB 接口，3.5 独立耳机口，SMA 外接天线口 |
| 座充 | 支持 |
| 落水报警 | 支持 |
| **网络参数** | |
| 公网制式 | 移动/联通/电信；全网通 4G，3G，2G |
| 公网频率 | 2G：GSM：B3/B8;CDMA：800MHz<br>3G：WCDMA：B1/B8；TD-SCDMA：B34，B39；EVDO:BC0<br>4G：TDD-LTE：B38/B39/B40/B41;FDD-LTE：B1/B3/B8 |
| **RNSS 参数** | |
| 频点 | BDS B1 + GPS L1（可选配兼容支持 RTK 模组） |
| 数据更新率 | 1Hz |
| 定位时长（开阔地） | 冷启动时间：≤ 90s<br>热启动时间：≤ 3s<br>重捕获时间：≤ 2s |
| 定位精度（开阔地） | 水平 ≤ 5m；高程 ≤ 10m cep |
| 测速精度 | ≤ 0.5m/s |
| 灵敏度 | 捕获灵敏度：-140dBm<br>跟踪灵敏度：-155dBm |
| **RDSS 参数** | |
| 频点 | L(发送)：1616MHz；S(接收)：2492MHz<br>兼容北斗三号北斗短报文 |
| 天线 | 内置陶瓷天线，同时兼容外置 RDSS 陶瓷天线（外置有源天线为选配件） |
| 通信频度 | 60s（以 RDSS 卡等级为准） |
| 短报文长度 | 1000 汉字（符合标准 BD 420007-2015） |
| 接收信号 | 灵敏度 ≤ -124.6dBm<br>误码率 ≤ $1 \times 10^{-5}$，方位角 0°～360°，俯仰角 20°～75° |
| 发送信号 | 发射 ERIP：6~19dBW；方位角 0°～360°<br>俯仰角 20°～75°<br>载波抑制 ≥ 30dBc；调制相位误差 ≤ 3°<br>通信成功率：≥ 95%（无遮挡、干扰情况下）<br>锁定时间：冷启动首捕时间 ≤ 2s，失锁重捕时间 ≤ 1s（供电开始计时） |

（续）

| 感应器 | |
|---|---|
| 加速度传感器 | 支持 |
| 距离传感器 | 支持 |
| 光线传感器 | 支持 |
| 地磁传感器 | 支持 |
| 环境参数 | |
| 工作温度 | -20~60℃ |
| 存储温度 | -40~85℃ |
| 防护等级 | IP67（符合标准 GB/T 4208） |
| ESD 静电 | 接触放电：5kV；空气放电：10kV |
| 电气及性能参数 | |
| 功耗 | 最小电流≤6mA；工作电流≤550mA；最大电流（瞬间电池）≤4A |
| 工作电压 | 3.4~4.2V |
| 电池容量 | 6500mAh |
| 充电标准 | 220V 常用电转适配器，5V ≌ 1.5A，快充选配 |
| 工作时间 | RDSS 短报文可连续工作 10h |
| 待机时间 | 300h |
| 北三入网检测 | 符合国家标准，通过入网检测 |
| 北斗输出协议 | |
| RDSS 协议 | 支持 RDSS 标准 V2.1 和 4.0 协议 |
| RNSS 协议 | 输出 NMEA-0183（符合标准 BD 410004—2015） |

# 北斗车载终端机

## 技术参数

| 尺寸（长 × 宽） | 112.5mm × 48mm /138mm × 58mm |
|---|---|
| 重量 | 700g |
| 按键 | SOS 报警键、开关机按键 |
| 首次捕获时间 | ≤ 2s (95%) |
| 失锁再捕获时间 | ≤ 1s (95%) |
| 发射信号 EIRP 值 | ≥ 5dBW |
| 首次定位时间 TTFF | 冷启动：35s、热启动：1s |
| 重捕获时间 | 小于 1s |
| 定位精度 | 10m |
| 速度精度 | 0.2m/s |
| 更新率 | 1Hz |
| 供电电压 | 12V ~ 36VDC |
| 电池 | 16.8V/2500mAh |
| 待机功耗 | 2W |
| 工作时间 | 16h (60s 入站一次) |
| 工作温度 | -30 ~ 70℃ |
| 存储温度 | -40 ~ 85℃ |
| 防护等级要求 | IP67（符合标准 GB/T 4208） |

车载北斗终端机 GISA L10

车载北斗终端机 GISA L50

## • 卫星电话

卫星电话包括海事卫星电话、铱星电话、欧星电话、天通电话。

海事卫星电话最初用于船舶与船舶之间、船舶与陆地之间的通信，可进行通话、数据传输和传真，所以被称作海事卫星电话。海事卫星属于高轨同步卫星，主要覆盖南北纬 75° 以内区域。

铱星电话是由 66 颗环绕地球的低轨卫星网组成的全球卫星移动通信系统，覆盖全球（包括南北两极），是迄今全球覆盖最广的卫星通信系统。

欧星电话是由美国波音公司建造，总部设在阿联酋的阿布扎比，其卫星属于高轨同步卫星，网络覆盖全球 1/3 区域，在我国高纬度地区卫星信号要弱些。

天通电话是由我国自主研制建设的卫星移动通信系统，覆盖区域主要为我国及周边、中东、非洲等相关地区，以及太平洋、印度洋大部分海域。

## 天通电话

支持位置上报及 SOS 一键求救功能；支持远程在线升级；支持地面全网通功能；IP68 防护等级；旋转式天线设计，天线可拆卸；扩展支持小型车载天线，支持车载动中通通话。

## 技术参数

| 操作系统 | Android7.0 操作系统 |
|---|---|
| 支持业务 | 支持天通卫星电话、短消息、数据功能 |
| 语音业务速率 | 1.2kbps/2.4kbps/4kbps |
| 数据业务速率 | 支持地面/天通数据业务（天通 1.2~9.6kbps 需定制） |
| 网络制式 | 2G：GSM B2/B3/B5/B8；3G：CDMA BC0；3G：WCDMA B1/B2/B5/B8；3G：TD-SCDMA B34/B39；4G：TD-LTE B38/B39/B40/B41；4G：FDD-LTE B1/B3/B5/B7/B8 |
| 接收频率 | 2170~2200MHz |
| 发射频率 | 1980~2010MHz |
| 最大发射功率 | ≥33dBm |
| 接收机灵敏度 | ≤-124dBm |
| 天线增益 | ≥2dBi |
| 电池容量 | 5000mAh(典型值)，通话最长可达 6h；待机最长可达 120h |
| 机身尺寸（长×宽×高） | 166mm×74.6mm×26.2mm |
| 机身重量 | 301g |
| 工作温度 | -20~55℃ |
| 存储温度 | -40~70℃ |
| 防护等级 | IP68 |

## • 卫星便携站

卫星便携站包括手动对星和"一键式"自动对星两种终端，手动对星相对于自动对星终端体积更小、重量更轻。

## 轻型便携双模卫星站

**技术参数**

| 设备结构 | 一体化集成，无须拼装，展开即用 |
|---|---|
| 天线类型 | 平板缝隙阵列天线 |
| 天线口径 | ≥ 0.6m |
| 工作频段 | Ku |
| 使用卫星 | 亚太6D高通量卫星国产卫星通信系统；应急管理部专网卫星通信系统；双模可切换 |
| 内置模块 | ①内置高通量卫星调制解调器；②可内置应急部专网卫星调制解调器（可同时内置、选配）；③可内置运营商4G皮基站，覆盖范围30～50m（选配、移动或联通二选一）；④可内置350～400MHz对讲机接入网关（选配） |
| 网络速率 | ①亚太6D高通量卫星：上行5Mbps（标准资费），大于10Mbps（高带宽或应急保障时临时申请）；②应急部专网：2Mbps |
| 对星方式 | 自动对星，一键对星、一键收纳 |
| 开通时间 | ≤ 3min |
| 内置电池工作时间 | ≥ 3.5h（电池可拆卸更换） |
| 设备重量 | 15kg |
| 工作温度 | -20～55℃ /-45～55℃ |
| 工作海拔 | ≥ 7000m |
| 防护等级要求 | ≥ IP66 |

# 手动对星便携站

手动对星
便携站

### 技术参数

| | |
|---|---|
| 供电方式 | 55V 直流 POE 供电，配备 220V 交流电转 55V 直流适配器 |
| 设备结构 | 一体化集成，外部接口仅 1 个 |
| 运动范围 | 方位角：0°～360°；俯仰角：10°～90° |
| 极化调节方式 | 左旋 / 右旋手动切换 |
| 对星方式 | 手动对星 |
| 天线口径 | ≥ 0.74m |
| 功放输出功率 | ≥ 2.5W |
| 天线类型 | 单片偏馈反射面 |
| 工作频率 | Rx：18.70～20.20GHz；Tx：29.00～30.00GHz |
| 极化方式 | 圆极化 |
| 天线增益 | Rx：≥ 40.6+20lg(f/19.5)dBi；Tx：≥ 44.2+20lg(f/29.7)dBi |
| 电压驻波比 | ≤ 1.5：1 |
| 圆极化轴比 | ≤ 1.5dB |
| 第一旁瓣 | ≤ -14dB |
| 工作温度 | -40～55℃；存储温度：-50～70℃ |
| 工作风速 | ≤ 20m/s；保全风速：≤ 35m/s |
| 防护等级要求 | ≥ IP65 |

森林草原消防装备

## 自动对星便携站

自动对星便携站

### 技术参数

| 天线性能 | |
|---|---|
| 天线口径 | 0.6m |
| 功放输出功率 | ≥ 3W |
| 天线类型 | 分瓣式偏馈反射面 |
| 工作频率 | Rx：18.70～20.20GHz<br>Tx：29.00～30.00GHz |
| 极化方式 | 圆极化 |
| 天线增益 | Rx：≥ 38.9+20lg(f/19.5)dBi<br>Tx：≥ 42.3+20lg(f/29.7)dBi |
| 电压驻波比 | ≤ 1.5：1 |
| 圆极化轴比 | ≤ 1.5dB |
| 第一旁瓣 | ≤ -14dB |
| 机械性能 | |
| 运动范围 | 方位角：-90°～90°；俯仰角：0°～85° |
| 极化调节方式 | 左旋/右旋手动切换 |
| 对星时间 | ≤ 3min |
| 定位方式 | 内置北斗/GPS模块，自动获取当前经纬度 |
| 对星方式 | 自动对星 |

（续）

| 网络性能 | |
|---|---|
| 卫星链路模式 | 下行 DVB-S2X 标准，上行支持 TDMA 模式 |
| 协议优化 | 支持 TCP 加速、HTTP 加速和 IP 包头压缩 |
| 波束切换方式 | 支持基于 OpenAMIP 协议切换，终端自动入网 |
| 支持数据速率 | 下行 40Mbps，上行 6Mbps |
| 保底通话功能 | 内置一路紧急卫星电话功能 |
| 系统参数 | |
| 重量 | ≤ 12.5kg |
| 供电方式 | 电源适配器（220V AC）或外接电源模块（18～36V DC） |
| 功耗 | ≤ 85W |
| 产品包装尺寸 | ≤ 620mm × 420mm × 370mm |
| 数据接口 | 不少于 2 个以太网 RJ45 接口，WiFi |
| 环境特性 | |
| 温度特性 | 工作温度：-25～55℃；存储温度：-40～75℃ |
| 抗风性能 | 工作风速：≤ 10m/s；保全风速：≤ 15m/s |
| 防护等级 | IP65 |

## ● 卫星车载站

### 技术参数

| | |
|---|---|
| 设备结构 | 一体化集成，外部接口仅 1 个 |
| 天线类型 | 平板喇叭阵列天线 |
| 天线口径 | ≥ 0.45m |
| 工作频段 | Ku |
| 使用卫星 | 亚太 6D 高通量卫星国产卫星通信系统 |
| 内置模块 | ①内置高通量卫星调制解调器；②可内置运营商 4G 皮基站，覆盖范围 30～50m（选配、移动或联通二选一） |
| 最大上行速率 | 上行 5Mbps（标准资费）；大于 10Mbps（高带宽资费或应急保障时临时申请） |
| 接口数量 | 1 个，包含供电和网络功能 |
| 跟踪方式 | 惯性测量与信号跟踪相结合 |
| 捕获时间 | 首次开机 <120s；重复开机 <30s |
| 功耗 | 峰值功耗小于 150W（包含 8W）BUC |
| 重量 | 26kg（含安装支架，不含电源适配器） |
| 工作温度 | -20～55℃ /-45～55℃（选配低温电池） |
| 工作海拔 | ≥ 7000m |
| 防护等级要求 | ≥ IP66 |

## 卫星机载站

航空消防
卫星动中通

航空消防卫星动中通（切割抛物面形态）

航空消防卫星动中通（平板相控阵形态）

### 性能特点

- 抗旋翼通信。具备抗旋翼遮挡缝隙通信能力，可应用于单层旋翼和多层旋翼等各类型直升机。
- 高速传输。最大上行速率 8Mbps，支持 2 路 1080P 光电吊舱视频回传和 1 路双向音视频会议业务。
- 可视化指挥。可实现大动态、远距离作业情况下的视频、图像、话音和数据传输，保障直升机应急救援过程中的多维信息获取和全程可视化指挥。
- 安装便捷。整套端系统可独立运行，支持快拆快装，不改变直升机原有结构。

**技术参数**

| 天线类型 | 切割抛物面天线，二维电扫有源相控阵天线 |
|---|---|
| 工作频率 | Rx：18.70~20.20GHz；Tx：29.00~30.00GHz |
| 极化方式 | 左右旋圆极化，自动切换 |
| G/T | ≥9dB/K 法向 |
| EIRP | ≥44dBW 法向 |
| 扫描范围 | 方位角：0°~360°；离轴角：0°~60° |
| 轴比 | ≤2dB@法向 |
| 跟踪精度 | ≤0.2° |
| 对星方式 | 一键操作，自动对星 |
| 初始捕获时间 | ≤2min |
| 再捕获时间 | ≤5s@遮挡60s |
| 数据速率 | 支持上行8Mbps，下行8Mbps |
| 调制编码方式 | BPSK1/3，QPSK1/3 |
| 移动特性 | 支持波束切换，内置GPS/北斗模块、惯导 |
| 重量 | ≤17kg |
| 平均功耗 | ≤300W |
| 数据接口 | 不少于2个以太网RJ45接口，WiFi |
| 温度特性 | 工作温度：-40~55℃；存储温度：-45~70℃ |
| 相对湿度 | 5%~95%（35℃） |
| 防护等级要求 | ≥IP65 |

**适用场景**

在直升机高速飞行过程中实现准确对星和稳定跟踪，为林草用户提供可靠的卫星专网和互联网通信服务，支持包括互联网访问、视频回传、视讯服务等多种业务，适用于应急通信保障、可视化指挥调度、山火巡护、森林灭火等应用场景。

# 第四章 灭火通信装备

## ● 一体化应急指挥系统

## 单兵自组网产品（背负）

### 性能特点

单兵自组网产品是一款采用 VSF-OFCDM 调制技术设计的移动宽带无线通信产品，系统采用无中心、分布式网络架构，支持任意网络拓扑，多跳中继、动态路由、抗毁性强。所有节点在静止/快速移动、遮挡等复杂应用场景下，实现多路语音、数据及视频等多媒体信息的实时传输；整个系统部署便捷，使用灵活，操作简单，维护方便，且全 IP 化设计（支持各种数据透传），易与异构通信系统互联互通；同时高度灵活的网络结构可实现节点之间的数据以点对点、多点对多点的方式传输，使得单兵通信设备的传输距离可通过自动中继功能达到成倍延伸。

### 技术参数

| | |
|---|---|
| 网络协议 | 支持 TCP/IP/UDP 网络协议线，全 IP 组网，易于互联，支持多跳中继、能有效拓展无线网络的覆盖半径 |
| 一键调参 | 支持一键调参功能，可以一键设定设备带宽、频率、功率、mesh ID 等 |
| 工作频率 | 300MHz～5.8GHz(频段可定制) |
| 工作带宽 | 5/10/20MHz |
| 发射功率 | 1～20W 可调，2T2R 双发双收 |
| 调制技术 | VSF-OFCDM（可变扩频因子－正交频率码分复用） |
| 通信距离 | 单跳传输≥5km（通视环境） |
| 中继跳数 | ≥8 跳，8 跳后有效速率不低于 4Mbps |
| 数据接口 | RJ45、WIFI、HDMI |
| 充电接口 | 支持 type-C 接口充电 |

（续）

| 节点数 | 255 个 |
|---|---|
| 定位模块 | 北斗/GPS |
| 尺寸重量<br>（长×宽×高） | 手持：94mm×37mm×200mm，1kg<br>背负：280mm×250.5mm×71mm，5kg |
| 其他 | 具备 3 寸高清屏，可设置带宽、频率、IP、分组 ID；功率可调；显示信号强度、场强等；支持通过屏幕触摸快速配置 |

**适用场景**

可灵活应用于军用通信专网、公共安全专网、应急通信专网、行业信息专网、区域宽带专网、无线监控专网、协同管理专网及智能传输专网等，为森林防火、军用通信、反恐处突、公安执法、安保活动、抢险救援、消防指挥、林区监控、人防/地震、电力巡检、数字油田、无人机群、车队互通、舰船编队、海上通信、机场地勤、地铁应急、公路建设、水文监测、移动采播、医疗等领域提供快速、便捷、可靠的无线专网通信。

# 一体化应急指挥箱

## 技术参数

| 设备结构 | 一体化集成，无须拼装，展开即用 |
|---|---|
| 显示系统 | 15.6寸高亮折叠三联屏 |
| 网络接入 | 支持以太网、4G公网、WiFi、天通卫星、Ku宽带卫星 |
| 视频处理 | 支持多路视频输入、输出，支持视频画面切换、合成 |
| 视频会议 | 支持多方视频会议，可选配华为BOX300硬件终端，支持混合组会 |
| 现场办公 | 在多路视频监控、多方视频会议的同时支持指挥调度、本地化办公、文件处理及文件共享 |
| 处理器 | i7 |
| 电池 | 内置电池，300Wh |
| 开通时间 | ≤3min |
| 重量 | 16kg（拉杆箱，带滚轮） |
| 工作温度 | -10～55℃ |

# 五 指挥通信车

指挥通信车是快速反应的通信系统与信息系统有机集成的机动应急指挥平台,是后方固定应急指挥平台在事件现场的必要延伸、补充和备份。指挥通信车以后方固定应急指挥平台为中心,是可移动的分指挥中心,负责现场内的通信与指挥调度,并与后方的固定应急指挥平台保持实时通信和信息交互。现场机动应急指挥平台之间互为节点,实现上下贯通、左右衔接、互连互通、信息共享、互有侧重、互为支撑、安全畅通。指挥通信车主要具有以下特点:① 机动灵活、稳定可靠,适于多种恶劣环境下的现场指挥;② 既可作为现场独立的通信枢纽,又可作为一个前端通信节点;③ 组网快捷,通信手段多样;④ 可配置气象信息采集系统,及时准确地发布现场气象预报;⑤ 具备良好的扩展能力与兼容性,可根据不同事件改装与集成。

指挥通信车分为车内部区域(如驾驶室、操作区、会议区、设备区

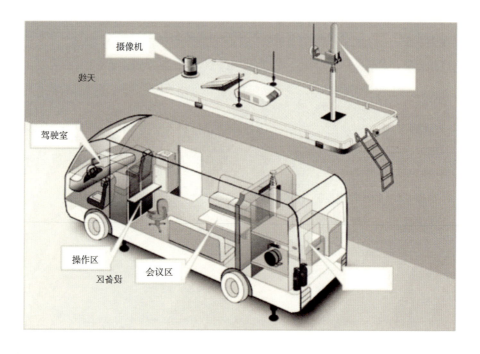

等)和车外部区域(如摄像机、天线等)。指挥通信车的选择应根据实际使用情况选择合适的车型。通过对其进行改装，满足车辆性能、外观与重量、车厢密闭性和行驶能力等通用要求。根据系统要求和装车设备分布，对车辆的改装主要包括以下三个方面：一是为了装载系统设备，要在车内的驾驶室的后面安装机柜的区域进行设备安装、走线等部分的改装；二是为了设置星天线、基站、照明灯及吸盘天线等设备的安装点，要在车体外部进行必要的改装；三是为了满足系统供电的要求，要安装一台汽油发电机进行发电，提供设备用电；同时，可以根据需要配置专用车载蓄电池。

指挥通信车主要构成包括指挥应用系统、现场应急通信系统、对外应急通信系统、配套设备、改装车辆等。

## ● 现场应急指挥应用系统

现场应急指挥应用系统主要包括应急指挥调度综合业务应用系统、调度通信系统、视频监控系统、视频会议系统、定位系统等。

(1)应急指挥调度综合业务应用系统。该系统实现与现场应急指挥调度相关的应急业务管理、智能决策支持等应用。

(2)调度通信系统。该系统使得应急指挥车既可以作为固定应急指挥平台在现场的终端系统，又可以在脱网情况下，实现本地多种通信手段的应急指挥调度。

(3)频监控系统。该系统可获取车载平台内、外的可视信息。通常在车内、外安装分别安装摄像头，前者安置在车内，后者安置在车顶云台。通过车内的云台控制器可以调整车顶摄像头的拍摄方向和焦距，可实现全天候、全方位的现场监测。车内可设置多块视频显示屏，供车内的应急处置人员同时使用。

(4)视频会议系统。该系统利用车载视频会议终端、显示屏幕等设备，实现远程及现场的视频会商。

(5)定位与导航系统。该系统利用卫星定位终端设备和预装电子地图，实现车辆自身定位、导航等功能。

## ● 应急通信系统

（1）现场应急通信系统。该系统利用专用集群通信、宽带无线接入、公共移动通信等通信手段，实现现场各应急指挥车之间互连，在较大范围内形成多种方式的通信覆盖，组成现场联合指挥中心，由指挥人员对现场其他部门和相关人员进行统一指挥调度。另外，该系统可完成现场无线图传终端、无线传感终端等信息采集设备的信息实时上传。

（2）后方应急通信系统。该系统与后方固定应急指挥平台进行广域中继通信主要利用"静中通"卫星通信、"动中通"卫星通信、宽带数字集群、公众移动通信、微波和光纤通信等通信手段，实现现场机动应急指挥平台、单兵等与后方固定应急指挥平台的通信。

## ● 互连互通系统

互连互通系统利用集业务与应用转换、信令转换、协议转换等功能为一体的网关，实现现场不同终端、系统、业务与应用以及运营商的异构互连互通。

## ● 配套设备

配套设备利用供配电系统、空调设备、照明系统、避雷系统、生活保障系统等实现应急指挥车的正常运行和应急处置人员的基本生活保障。

# 第五章
# 预警监测装备

本章
视频资源

  森林草原火灾预警监测系统是综合利用可见光成像、红外热成像技术，以及大数据、深度学习、机器学习、人工智能等技术，通过烟火识别模型对森林草原监控视频进行火源智能识别并报警传输到监控中心或指挥中心，值班员能够在第一时间获取火警信息，指挥员根据预警监测软件可全面了解火情信息。

  预警监测系统主要由视频监测子系统、视频传输子系统、户外供电子系统、视频存储子系统、预测预警子系统等组成，其中视频监测子系统是系统硬件核心部分，预测预警子系统是系统业务应用软件，视频存储子系统、预测预警子系统通常部署在指挥中心或值班室。

# 一 视频监测系统

　　监测摄像机包括多种类型的摄像镜头、多种类型的摄像机，以满足不同的监测需求，同时要使用专业的云台和支架设备，确保摄像机稳定、可靠、安全地运行，以获取清晰的视频画面。

　　监测摄像机通常安装在瞭望塔、铁塔、峰顶等森林草原地高处，用于大范围火情监测。包括球形、中载云台、重载云台、热成像转台 4 种摄像机。

## 球形摄像机

以 DS-2TD4137 系列 | DS-2TD4167 系列为例。

### 性能特点

- 支持 3D 定位功能，通过客户端软件 /IE 可实现点击放大。
- 支持系统双备份功能，确保数据断电不丢失。
- 支持断电状态记忆功能，上电后自动回到断电前的云台和镜头状态。
- 支持智能烟火检测功能。
- 前端内置深度学习烟火识别算法。烟雾、火点双重识别，及时发现火情。
- 感知型智能。多种 SMART 智能功能，重点区域防入侵。

### 技术参数

| 热成像镜头 | 25/50mm 焦距可选，640px×512px/384px×288px 分辨率可选 |
|---|---|
| 可见光镜头 | 6～240mm 焦距，40 倍星光，400 万像素 |
| 红外补光 | 150m |
| 测温范围 | -20～150℃ |
| 测温精度 | ±8℃，或者读数的 ±8%，取最大值 |
| 火点最远探测距离 | 3000m（50mm 焦距，以 2m×2m 火点为准） |
| 旋转角度 | 水平方向 360° 连续旋转，垂直方向 -20°～90° |
| 供电电压 | AC24V |
| 工作温度和湿度 | 工作温度 -40～60℃，湿度 < 90% 相对湿度 |

### 注意事项

- 定期清洁镜头表面，避免灰尘、指纹等影响图像质量的污染。
- 谨慎携带和使用，避免碰撞、摔落等导致镜头损坏的情况。
- 注意使用环境，能够适应森林火灾高温等极端环境。

# 中载云台摄像机

以 DS-2TD6237 系列 | DS-2TD6267 系列为例。

### 性能特点

- 支持 3D 定位功能，通过客户端软件 /IE 可实现点击放大。
- 支持系统双备份功能，确保数据断电不丢失。
- 支持断电状态记忆功能，上电后自动回到断电前的云台和镜头状态。
- 室外 IP66 防护等级，防雷、防浪涌、防突波。
- 支持守望功能，预置点 / 花样扫描 / 巡航扫描可在空闲状态。
- 停留指定时间后自动调用（包括上电后进入的空闲状态）。
- 支持 NAS 存储录像，可断网续传。
- 支持烟火检测功能。
- 支持区域扫描功能，方位设定功能。
- 前端内置深度学习烟火识别算法。烟雾、火点双重识别，及时发现火情。
- 感知型智能。多种 SMART 智能功能，重点区域防入侵。

## 技术参数

| 热成像镜头 | 25/50/70/100mm 焦距可选，640px×512px / 384px×288px 分辨率可选 |
|---|---|
| 可见光镜头 | 6~240mm/6~336mm 焦距可选，400 万像素 |
| 红外补光 | 800m |
| 测温范围 | -20~150℃ |
| 测温精度 | ±8℃，或者读数的 ±8%，取最大值 |
| 火点异常探测距离 | 6000m（100mm 焦距，以 Dim Pixel AXA30 XII） |
| 旋转角度 | 水平方向 360°连续旋转，垂直方向 -90°~40° |
| 供电电压 | AC24~36V/DC23~53V |
| 工作温度和湿度 | -40~65℃，＜90% |

## 注意事项

- 镜头较为脆弱，应避免撞击、摔落、受到强烈的震动和高温等情况，以免损坏设备。
- 在温度测量时可能存在一定的误差，应了解和掌握热像仪的测温性能，并在实际应用中注意合理使用，避免测温误差影响应用结果。
- 性能可能受到环境条件的影响，例如大气湿度、雨雪、烟雾等情况可能影响热像仪的成像效果，应注意选择适合的环境条件进行使用。
- 通常使用电池或外部电源供电，应注意合理管理电源，避免电池耗尽或电源供应不稳定导致设备无法正常工作。
- 镜头应保持清洁，避免灰尘、污渍等影响成像效果，使用前和使用过程中应注意定期清洁镜头，并遵循生产商提供的清洁方法。
- 属于专业设备，需要经过专业培训和操作人员的操作。在使用前，应接受相关的培训和指导，熟练掌握设备的操作方法和技能，以保证正确使用和获取准确的监测结果。

## 重载云台摄像机

以 DS-2TD8137 系列 | DS-2TD8167 系列为例。

### 性能特点

- 单主控单 IP 系统，便于各通道联动和整体协调控制。
- 可见光、热成像均支持自动聚集。
- 支持智能火点检测，并能实时回传云台角度及信仰角信息。
- 支持对远距离目标的普通精度测温；支持系统双备份功能，确保数据断电不丢失。
- 支持自动光圈、自动白平衡、背光补偿、宽动态、3D。
- 数字降噪。
- 防护等级：IP67。
- 前端内置深度学习烟火识别算法。烟雾、火点双重识别，及时发现火情。
- 感知型智能。多种 SMART 智能功能，重点区域防入侵。

## 技术参数

| | |
|---|---|
| 热成像镜头 | 75/100/150/25～100/30～150/38～190/23～230mm 焦距可选，640px×512px/384px×288px 分辨率可选 |
| 可见光镜头 | 6.7～330mm/15.6～500/10～550mm（400万像素）/12.5～775/16.7～1000mm 焦距可选 |
| 红外补光 | 3000m |
| 测温范围 | -20～150℃ |
| 测温精度 | ±8℃，或者读数的 ±8%，取最大值 |
| 火点最远探测距离 | 9000m（150mm 焦距，以 2m×2m 火点为准） |
| 旋转角度 | 水平方向 360°连续旋转，垂直方向 -45°～45° |
| 供电电压 | DC37～57V |
| 工作温度和湿度 | -40～60℃，＜90% |

# 热成像转台摄像机

## 性能特点

- 双通道，单 IP 输出，便于各通道联动和整体协调控制。
- 支持断电状态记忆功能，上电后自动回到断电前的云台和镜头状态。
- 支持系统双备份功能，确保数据断电不丢失。
- 双通道镜头均支持除霜、球仓支持充氮，整机支持气密。
- 支持主芯片、镜头加热功能。
- 支持堵转报警。
- 球体外壳支持除冰解冻功能。
- 支持过压欠压报警功能。
- 防护等级：IP67。
- 前端内置深度学习烟火识别算法。烟雾、火点双重识别，及时发现火情。
- 感知型智能。多种 SMART 智能功能，重点区域防入侵。

## 技术参数

| | |
|---|---|
| 热成像镜头 | 25～100/30～150/38～190/23～230mm 焦距可选，分辨率 640px×512px |
| 可见光镜头 | 15.6～500/10～550mm（400万像素）/12.5～775/16.7～1000mm 焦距可选 |
| 红外补光 | 3000m |
| 测温范围 | -20～150℃ |
| 测温精度 | ±8℃，或者读数的 ±8%，取最大值 |
| 火点最远探测距离 | 13500m（230mm 焦距，以 2m×2m 火点为准） |
| 旋转角度 | 水平方向 360°连续旋转，垂直方向 -45°～45° |
| 供电电压 | DC37～57V |
| 工作温度和湿度 | -40～65℃，＜90% |

## 视频传输系统 | 二

视频传输系统是一类专门用于在较远距离范围内传输高带宽数据的设备。这些设备主要用于解决需要在没有网络电缆覆盖的遥远地区或需要跨越长距离传输视频、数据或网络信号的需求。这类设备通常有以下特点。

（1）长距离传输。长距离无线宽带传输设备具备较远传输范围，可以在数千米到几十千米的距离内传输信号，适用于跨越城市、山区或其他地理障碍的情况。

（2）高带宽支持。这些设备支持高带宽，可以传输大容量的数据、视频或网络信号，确保传输的高质量和稳定性。

（3）抗干扰性。长距离传输往往面临更多的信号干扰，这类设备通常具备较强的抗干扰能力，保障传输的稳定性和可靠性。

（4）点对点或点对多点。长距离无线宽带传输设备可以实现点对点传输，将信号从一个发射点传输到一个接收点，也可以实现点对多点传输，将信号同时传输到多个接收点。

（5）无线传输。设备采用无线技术，不需要布设网络电缆，适用于远程地区或没有电缆覆盖的场所。

（6）安全性。长距离传输通常涉及横跨较大区域，设备可能配备数据加密和身份验证等安全措施，确保传输信号的安全性。

选择合适的无线传输设备需要根据具体的需求和场景来进行，考虑设备的传输距离、带宽支持、抗干扰性、安全性以及成本等因素，将监控摄像机拍摄到的视频信号传输到监控中心的数据链路。

## 三 户外供电系统

户外供电系统是为了支持林区内的监控设备和安防系统而设计的供电系统。主要用于为监控摄像机、传感器、安防警报设备等提供稳定的电力供应，以实现对林区的实时监控和安全管理。林区监控用供电系统的特点和功能包括以下几点。

（1）远程供电。林区通常位于偏远地区，有可能没有城市电网的覆盖。林区监控用供电系统通常采用独立供电方式，可以通过太阳能电池、风能发电、蓄电池等方式实现远程供电，保障监控设备的长期运行。

（2）节能环保。考虑到林区环境的特殊性，监控用供电系统通常采用节能环保的技术，如太阳能光伏发电，减少对自然环境的影响。

（3）抗干扰能力。林区可能存在恶劣的气候条件，供电系统需要具备较强的抗干扰能力，确保供电的稳定性和可靠性。

（4）监控设备支持。供电系统需要满足监控设备的功率需求，能够为多个摄像机、传感器、安防警报设备等提供稳定的电力供应。

（5）实时监控。监控用供电系统需要保障监控设备的实时运行，以便实时获取林区内的监控图像和数据。

（6）自动化控制。一些供电系统可能配备自动化控制功能，根据能源的需求和太阳能等能源的供应情况，自动调整供电策略。

（7）远程监控和管理。部分供电系统可能支持远程监控和管理功能，通过云平台或远程监控中心，实时监测供电系统的运行状态和性能。

林区监控用供电系统的目的是为了实现对林区的实时监控和安全管理，帮助保护林区资源，由于林区通常位于偏远地区，供电系统的设计和配置需要充分考虑环境条件和可靠性要求，确保供电系统能够长期稳定运行并满足监控设备的电力需求。

## 四 视频存储系统

主要用于存储监控摄像机拍摄到的视频数据，将视频数据保存下来以供后续分析和回放，常用存储设备包括硬盘录像机（DVR）或网络视频录像机（NVR），通常情况视频存储设备安装部署在设备机房。

## 五 辅助设备

包括天气传感器、环境传感器等，用于监测森林中的气象和环境信息，为火灾监测和预警提供更全面的数据支持。

## 六 监测预测预警系统

本节
数字资源

森林草原火灾预测预警系统适用于各类森林草原火灾，并可提供实时的火情监测、报警和数据记录，有助于提高森林火灾的早期预警和应急处理能力。主要功能如下。

（1）火灾预警。通过监控摄像机实时监测森林草原中的火情，包括可见光、红外和热像传感器等多种传感器，能够在白天、夜晚或烟雾中检测到火源，并及时报警，帮助森林管理人员快速掌握火情状况，做出应急响应和火灾扑灭决策。

（2）火灾监控与扑灭。监测系统中的监控摄像机可以实时传输火灾现场的视频画面到监控中心，为指挥员指挥决策提供辅助参考，帮助他们了解火势、火源位置、火势发展趋势等信息，从而有针对性地展开灭火行动，提高灭火效果。

（3）火灾后期监测。监测系统可以继续监测火灾灭后的情况，包括监测潜在的火源复燃、监测烟雾、监测热点等，及时发现并处理火灾隐患，防止火灾复燃。

（4）森林资源管理。森林火灾视频监测系统还可以用于森林资源管理，通过监测摄像机可以实时了解森林中的植被状况、动植物活动、森林生态环境等信息，为森林保护和资源管理提供参考数据。

（5）灾后评估和研究。森林火灾视频监测系统可以记录和保存火灾前、中、后的视频数据，为灾后评估和火灾研究提供实证数据，帮助改进灭火策略、提升火灾应对能力。

# 森林防火智能卡口

### 性能特点

- 支持环境监测传感器，实现区域环境数据的监测。
- 播放模式切换：①广播模式：一直在播放语音；②感应模式：感应到有人才播放语音。
- 可与 LED 屏联动通讯，实现远程修改 LED 屏显示文字。
- 可以将摄像机与喇叭联动，实现远程喊话功能。
- 管理平台具备地图展示卡口位置信息/在线情况、摄像机控制、语音控制、LED 屏控制、设备状态、设备自检、设备升级、设备展示等功能。
- 支持远程升级。

森林防火智能卡口

### 技术参数

| | |
|---|---|
| 控制主板 | 4G全网通，120G/年；主板具备GPS定位模块，满足GPS\北斗系统定位；具备16M存储，可存储语音段数≥999段；具备太阳能充电/红外感应/数字式分析感应启动器（非红外感应）/音频输入输出/TF卡/报警输出/I/O/RS 485/UART串口/SIM卡槽等接口；具备电池过充/过压/低压保护功能 |
| 卫星通讯 | 实现电信网络覆盖区域数据通讯；发射频段支持399～401MHz，发射电流1500mA(最大瞬时发射功率)，接收电流20mA，休眠电流10 uA，超远传输距离1000km，具备RS485通讯接口 |
| 监控球机 | 200万像素球机；可水平360°，垂直-15°～90°可调；内置64G存储卡，视频可离线保存7天或图片离线保存2万张 |
| 红外探头 | 红外线人体感应，最远检测距离超过12m，灵敏度三级可调 |
| 户外屏 | P10户外防雨屏，尺寸64cm×16cm，具备远程改字 |
| 警示灯 | 户外防雨红蓝警示灯，爆闪次数寿命超过100万次 |
| 喇叭 | 15W |
| 宣传牌 | 2块70cm×30cm宣传牌，可悬挂喷绘标识标语 |
| 太阳能蓄电池 | 太阳能电池板240W，胶体蓄电池200AH，最大支持7天连续阴雨天工作 |
| 立杆 | 立杆材质镀锌管，厚度2mm，高度4.5m（下部3.5m，上部1m）；主机箱、地笼、支臂等 |

### 适用场景

宣教：将森林用火、森林普法、野生动植物保护等宣传标语、语音、文字等内容及时传播给公众，增加公众的防范意识，避免可能发生的损失。

宣传：通过与标语广告牌的内容融合，可以加大宣传力度，引起公众重视。

监测：通过接入环境监测传感器的，可以监测区域范围内的环境数据变化，为应急等特殊情况提供数据支撑。

# 火点识别系统

基于卫星遥感数据的中红外通道和远红外通道对于高温目标的灵敏反应做火点判识。当地面出现火点时,中红外通道的计数值、辐射率、亮温将急剧变化,与周围的像元形成明显反差,并远远超过远红外通道的增值。同时通过算法去除云雾和水体等影响,根据每日不同时间段选择不同的阈值进行精细化识别。

## 技术参数

| 卫星 | 静止卫星 | | 极轨卫星 | | | | |
|---|---|---|---|---|---|---|---|
| | H8 | FY-4 | FY3C/3D 系列 | NOAA 系列 | TERRA | AQUA | NPP |
| 高度 | 35786km | 35786km | 836km | 837km | 705km | 705km | 834km |
| 空间分辨率 | 0.5~2km | 0.5~4km | 0.25~1km | 0.25~1km | 0.25~1km | 0.25~1km | 0.37~0.75km |
| 观测频率 | 10min/次 | 5~15min/次 | 一天两次 | 一天两次 | 一天两次 | 一天两次 | 一天两次 |
| 明火面积 | 300~400m² | 1600m² | 100m² | 10~15m² | 100m² | 100m² | 10~15m² |

## 性能特点

- 火情监测预警

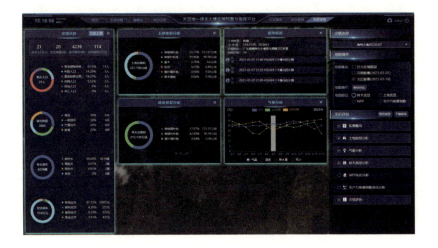

**火情监测与预警平台模块及功能描述**

| 模块 | 子模块 | 功能描述 |
|---|---|---|
| 业务服务支撑 | 卫星遥感数据接收支撑服务 | 静止卫星数据接入：H8 数据接入，按照 10min/ 次接收数据；FY-4A 数据接入，按照 5～15min/ 次接收数据 |
| | | 极轨卫星数据接入：FY-3C、FY-3D、Terra、Aqua、NOAA 等卫星数据接入，按照每日过中国境时间获取数据；NPP 数据接入，每日按全圆盘接收 NPP 数据 |
| | | 卫星数据标准化处理及存储 |
| | 摄像头视频数据接收支撑服务 | 主要接收摄像头视频数据，并完成数据标准化处理及存储 |
| | 气象观测与预报数据接收支撑服务 | 主要接收气象观测数据及预报数据，并完成数据收集、质检、整理、入库等前期工作 |
| | 业务数据接收支撑服务 | 行政区划数据接入，包括市级、县级、乡镇级、村级数据 |
| | | 道路数据、河流数据等辅助数据接入 |
| | | 数据标准化处理及存储 |
| 火点监测（卫星） | 卫星监测火点判识 | 利用 H8 监测，最小可识别明火面积 300～400m² 的火点；利用 NPP 监测，最小可识别明火面积 10～15m² 的火点 |
| | 火情产品制作 | 火点位置判断、行政区域分析 |
| | | 火点下垫面分析、明火面积计算分析 |
| | | 专题图及专题信息生产 |
| 火点监测（摄像头） | 视频监测火点判识及报警 | 接入摄像头视频数据，进行火点识别及报警，提供监测火点的经纬度、视频设备编号等信息 |
| 火点预警 | 短信预警服务 | 根据分析结果，对于监测到的火点信息第一时间进行短信预警，将监测时间、经纬度、所属行政区划、明火面积、土地利用类型等发送给用户 |
| | 邮件预警服务 | 根据分析结果，对于监测到的火点信息第一时间进行邮件预警，将专题图、专题信息等发送给用户 |
| 火险预判产品制作 | | 制作未来一段时间内森林火灾风险等级预测产品 |
| 气象支撑服务产品制作 | 气象站点实况数据产品 | 制作温度、降水量、风向和风速等气象实况产品 |
| | 气象预报产品 | 制作未来 12h 内温度、降水、风、能见度预报产品 |

■ 火情监管综合服务

火情智慧监管综合服务平台模块及功能描述

| 模块 | 子模块 | 功能描述 |
| --- | --- | --- |
| 基础工具栏 | 基础操作工具 | 支持放大、缩小、拖拽测距、测面积等基本操作 |
| | 地图展示工具 | 支持影像图、矢量图、地形图等切换显示 |
| 状态显示栏 | 实时影像 | 动态展示近12h内卫星云图,可进行分享 |
| | 固定热源 | 展示地面固定热源分布情况 |
| 火情告警 | 火场 | 支持对火点状态进行展示,可对同一场火的状态进行持续追踪 |
| | 火点 | 支持按时间倒序展示火点监测情况 |
| | 监测详情 | 展示火点监测详情,包括监测来源、监测时间、经纬度、所属行政区划、明火面积、土地类型、观测次数等,也可通过局部放大图查看火点情况 |
| 气象支撑服务 | 天气实况 | 支持最新天气实况数据展示,也可查询任一火情时刻当时天气实况。展示内容包括站点名、监测时刻、温度、降水量、风向和风速等 |
| | 天气预报 | 展示未来12h内温度、降水、风向和风速等预报情况,并可点击查看具体位置的预报信息 |
| 火险预判 | | 对未来一段时间内火灾发生的风险等级进行预测评估 |

■ 可视化驾驶舱

**火情智慧监管综合服务平台模块及功能描述**

| 模块 | 子模块 | 功能描述 |
| --- | --- | --- |
| GIS可视化地图 | 行政区域选择 | 在地图上展示所选区域行政边界，并能全局控制驾驶舱页面各功能的统计范围 |
| | 要素展示 | 根据所选行政区域，在地图上展示包括火灾点、城市基础设施和森林防火设施三类要素；其中，火灾点要素的选中能在地图上显示当日火灾点的分布情况，并展示"正在救援""待救援""已救援"三个维度火灾点的总数；城市基础设施和森林防火设施也能展示要素具体分项总数 |
| | 事件详情 | 展示火点从发生到扑灭的全流程节点情况和救援队投入情况 |
| 火灾分布统计 | | 根据所选择的时间段和行政区域，展示辖区内各子级行政单位发生火灾的总数，并通过图表展示 |
| 灾后统计 | 灾后损失情况 | 根据所选择的时间段和行政区域，展示辖区内已救援火灾的过火面积、房屋损失、树木损失、受伤人数等信息统计 |
| | 物资调拨情况 | 根据所选择的时间段和行政区域，展示辖区内已救援火灾的物资调拨情况，包括灭火器使用数量、消防车出动数量、防烟面罩使用数量等 |
| | 投入人员情况 | 根据所选择的时间段和行政区域，展示辖区内已救援火灾的投入人员情况 |
| 火灾监测方式统计 | | 根据所选择的时间段和行政区域，展示辖区内已救援火灾总数及监测方式统计，包括卫星遥感监测、摄像头监测和人工上报 |
| 今日天气情况 | 实时天气 | 根据所选行政区域，展示实时天气情况，包括温度、气象、降水、风速风向等 |
| | 天气预报 | 根据所选行政区域，展示未来12h的气温、降水、风速等情况 |
| 救援物资情况 | | 根据所选行政区域，对辖区救援力量进行统计展示；包括救援队总数、消防人员总数、消防车辆总数等，同时支持各救援队救援力量具体数据的展示 |
| 救援事件列表 | | 以倒序形式展示救援事件详情，包括时间、原因、经纬度、位置、事件状态等。可展示救援事件的现场视频画面 |

■ 应急指挥

### 应急指挥平台模块及功能描述

| 模块 | 子模块 | 功能描述 |
| --- | --- | --- |
| 地图可视化 | 基础工具条 | 支持放大、缩小、拖拽测距、测面积等基本操作，支持影像图、矢量图、地形图等切换显示 |
| | 搜索框 | 支持按照地点或者经纬度等搜索某场火灾，并在地图上高亮展示 |
| | 二/三维切换 | 将信息通过二、三维可视化的形式在地图上展现出来 |
| | 静态要素展示 | 在地图上展示包括火灾点、城市基础设施和森林防火设施等要素分布情况 |
| | 动态要素展示 | 在地图上点击某救援中的火灾，通过硬件设施获取位置数据，展示响应该火灾的救援队实时位置 |
| | 火情实况 | 在地图上选择单个火点，展示该场火灾的事件动态，包含发生时间、位置、原因、以及处置动态 |
| 指挥人员 | | 展示应急事件总指挥、指挥组长等现场人员 |
| 火灾蔓延 | 地图 | 基于基础地图，结合天气实况（如风速、风向）、下垫面地物类型、火势情况等，围绕定位火点，支持不同时段的林火蔓延模拟分析，辅助森林火灾扑救行动。林火蔓延模拟支持动态分析和预测火势蔓延的方向、火场面积、火场边界、火灾蔓延速度等功能 |
| | 搜索 | 通过时间、地区、火场等搜索条件搜索火场情况 |
| | 数据统计 | 通过图标等方式展示火灾蔓延速度和火灾蔓延面积 |
| 应急事件 | 待救援事件 | 列表展示待救援事件基本信息：事件数量、事件名称、时间、状态等，点击列表可在地图上展示该事件火灾位置，点击火灾，支持查看火灾实况及火灾的事件动态 |
| | 已救援事件 | 列表展示已救援事件基本信息：事件数量、事件名称、时间、状态等，点击列表可在地图上展示该事件火灾位置，点击火灾，支持查看火灾实况及火灾的事件动态 |
| | 救援中事件 | 列表展示救援中事件基本信息：事件数量、事件名称、时间、状态等，点击列表可在地图上展示该事件火灾位置，点击火灾，支持查看火灾实况及火灾的事件动态 |

（续）

| 模块 | 子模块 | 功能描述 |
| --- | --- | --- |
| 现场影像 | | 通过图片、视频方式展示现场火灾情况；现场工作人员通过终端上传现场图片、视频，指挥平台展示现场火灾情况 |
| 救援队伍 | 救援中的队伍列表 | 展示和编辑实际参与某场火灾救援中队伍的列表基本信息，包含具体位置、联系电话、参与救援的物资，在地图上展示救援队伍移动轨迹 |
| | 救援队伍通讯录 | 展示录入系统的救援队伍列表基本信息，包含具体位置、联系电话、参与救援的物资；<br>若在地图上选中单个火点，能在地图上展示辖区内扑救力量的分布，并根据该火点具体情况，在列表对通讯录中的救援队伍进行个性化推荐排序，同时展示扑救力量分布及其当前的任务状态，包括所属责任区、责任人、森林消防队、防火设施等，以便于及时调度附近森林消防队前往火情地点展开扑救工作；<br>若同时选中单个火点和列表中的救援队伍，可在地图上展示该救援队伍去往该火点的路径图 |
| 组织架构 | | 根据组织架构，展示各层级责任人，方便在应急事件中，快速查找到对应责任人，及时处理火灾情况 |
| 灾后评估 | 评估报告 | 基于火灾发生前后的高分辨率卫星影像，进行过火面积评估，林地资源受灾情况统计，并制作灾后评估报告 |
| 基础管理 | 物资管理 | 支持用户自行管理已有的救援队伍，支持新增、批量导入、修改、删除、查看等功能，字段包含消防车、消防员、防毒面具、防护服等，支持查看具体详情 |
| | 防火指挥预案 | 对防火指挥预案进行管理，包括预案新增、修改、删除、查看等功能 |

■ 火情监测巡护 APP

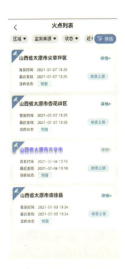 

**火情监测巡护APP模块及功能描述**

| 模块 | 功能描述 |
| --- | --- |
| 火点监测预警服务 | 提供火点监测预警信息提醒、查看等服务，发生火情时推送至APP，并通过消息条数进行提醒；支持查看火点详情，包括监测来源、监测时间、经纬度、所属行政区划、明火面积、土地类型、观测次数等 |
| 火点展示服务 | 可切换查看近3h、当天、24h及一周内的火点，并叠加不同的底图进行查看 |
| 火情统计分析 | 统计分析近1天、近1周、近1月及自定义时间段内管辖区域的火灾预警信息数量，也可查看火情预警的区域排名，包括对应的有火、无火及未验证火情预警情况 |
| 卫星影像展示服务 | 支持12h以内省（自治区、直辖市）最新卫星影像的展示 |
| 火点核查服务 | 支持对任一火灾监测信息进行核查，可将现场核实结果快速上传 |
| 路径规划服务 | 提供任一起点至火情发生处的路径规划 |
| 火点上报服务 | 支持任一用户上报地面真实火情，可通过添加拍摄的地面图片、文字描述等形式进行火灾上报 |
| 气象预报服务 | 提供未来12h内天气预报情况展示服务，包括温度、降水、风、能见度；提供气象站点的最新天气实况数据展示 |

# 七 指挥控制中心

监控指挥中心作为相关领导、专家及指挥人员实施会商、研判、指挥的重要场所，应满足日常值守、监测管理、会商和应急指挥的需要，按照功能区分包含指挥大厅、设备机房、附属设施等。

## ● 指挥大厅

指挥大厅是监控指挥中心核心区，功能主要是日常监控、视频会议、会商、应急指挥调度等，包括大屏显示系统、会议系统、监控系统、其他辅助系统。

### 大屏显示系统

指挥大屏是集数字显示技术、无缝拼接技术、图像处理技术、信号切换技术、网络技术等科技于一体，为监测监控、资源共享、分析决策和指挥调度提供显示平台，通过大屏幕显示系统，可以轻松实现直观、实时、全方位地集中显示各个系统的信息，可根据需要以任意大小、任意位置和任意组合进行显示，对显示信息进行智能化管理。主要由显示单元、拼接处理器和控制系统组成，并应具备以下功能要求。

（1）可靠性高，安全性高，操纵灵活，容易扩展，方便整合。
（2）图像显示清晰、稳定。
（3）各种显示信号的接入能力。
（4）高分辨图形显示。
（5）统一显示和功能分区显示。
（6）统一管理和分区独立管理。
（7）集中操作，便捷交互。
（8）分屏显示。

▪ 显示单元

显示单元部署于墙面处，按类型可分为 DLP 大屏、室内小间距 LED 屏、LED 微距背投屏和 LCD 拼接屏。

▪ 拼接处理器

拼接处理器用于图像信号的接入、处理、显示及控制功能，信号源用于给系统提供显示的信号，包括电脑、播放盒、摄像头等，信号源的数据通过分配、传输、切换等中间环节，最终输出到显示单元显示。

▪ 控制系统

控制系统是整个大屏幕显示系统的控制核心，是利用成熟的计算机网络技术、计算机软件技术和相关计算机硬件技术研发的组合大屏幕显示控制系统。可以驱动整个投影阵列，实现整个投影阵列分路计算机信号的组合显示，如同一个特大的显示器，支持几百万甚至几千万的显示像素。一个系统的易用性和稳定性，主要取决于该控制系统所具有的功能和其性能优劣。

## 会议系统

会议系统由会议发言子系统、音频扩声子系统、视频会议子系统、集中控制子系统等组成。

▪ 会议发言子系统

由专业的发言单元及发言控制系统构成，可以实现会议发言及控制的基本功能。专业的发言单元一般具有发言讨论、呼叫服务、桌牌显示等实用功能。发言控制系统是利用数字化的控制手段对整个会议现场的所有发言单元进行控制，既可以开启指定的发言单元，也可以关闭正在发言的单元，这样就可以实现对整个会议现场秩序的良好掌控。

▪ 音频扩声子系统

音频扩声子系统包括音箱、功率放大器、音频处理设备、调音台、电源时序器、话筒等设备。音频扩声子系统需要根据指挥大厅的特点来选择合适的音响设备。

• 音箱。一般采用专业会议音箱，指挥大厅面积大可以使用线阵音响。

• 功率放大器。主要是给无源音箱放大功率使用。

- 音频处理器。具有音频矩阵、回声消除、噪声抑制、自动增益、延时输出等功能。
- 调音台。可以将多路输入信号进行放大、混合、分配、音质修饰和音响效果加工。
- 反馈抑制器(话筒前级)。主要是抑制啸叫。如果话筒距离音箱太近会产生啸叫,增加反馈抑制器可以做到抑制啸叫的作用。
- 电源时序器。通过设备内部的控制电路,按照既定程序依次打开或关闭电源输出,并对电源电压、负载设备进行供电管理。每个会议音响系统单元的浪涌电流和反峰电压会对音响设备造成大的冲击,容易对设备造成损害。因此,各音响单元最好一个一个地顺序开机和关机。正确的开机顺序是按照音源信号流程的方向开机:依次打开会议主机、中控、矩阵、无线话筒主机、音频处理设备(如音频处理器、均衡器等)、调音台,最后开启功率放大器。正确的关机顺序是先关掉功放,再关其他设备。

■ 视频会议子系统

视频会议系统融计算机技术、通信网络技术和数字音/视频技术于一体,提供双向互动交流的信息平台。主要由视频会议服务器(数据转发中心 MCU)、视频会议终端组成。

视频会议服务器即 MCU 服务器,也叫多点控制单元,是视频会议系统中的关键设备,它实质上是一台多媒体信息交换机,要完成多点对多点的切换、汇接或广播。

高清视频会议终端主要是将本方图像信号、语音信号及用户数据信号进行采集、压缩编码、多路复用后送到传输信道。同时把从信道接收到的视频会议信号进行多路分解、视/音频解码,还原成对方会场的图像、语音及数据信号输出给用户的视听播放设备。与此同时,视频会议终端还将本方的会议控制信号送到 MCU,同时接收 MCU 送来的控制信号。

■ 集中控制子系统

集中控制系统是可通过触摸式有线/无线液晶显示控制屏对指挥中心几乎所有的电气设备进行控制,包括投影机、屏幕升降、影音设备、信号切换以及会场内的灯光照明、系统调光、音量调节等。操作界面简单,只需用手轻触触摸屏上相应的界面,远程操控设备,如控制 DVD 的播放、快进、快倒、暂停、选曲等功能，投影机的开关、信号的切换、白炽灯调节、日光灯开关等功能。

## 监控系统

会议室监控系统是指在会议室内安装的监控设备和系统，用于实时监视和记录会议室内的活动和会议情况。这样的监控系统包括多种用途和功能。

- 会议安全和保障。会议室监控系统可以用于确保会议的安全和保障。它可以监视会议室内的人员进出情况，防止未经授权的人员进入会议室。
- 会议记录和备份。监控系统可以录制会议的实时视频和音频，用于后期回放和备份。这对于重要会议和决策有记录的需要非常有用。
- 会议内容纪要。监控系统可以记录会议期间的讨论内容和演示资料，帮助参会者回顾会议重点和内容。
- 会议参与者掌握。在大型会议中，监控系统可以帮助主持人了解会议室内的参与者，避免漏掉重要人员的发言或意见。
- 解决争议。如果会议中发生争议或误解，监控系统可以提供相关的录像作为证据，帮助解决纠纷。
- 远程参与。通过监控系统的视频功能，可以让远程参与者参与会议，促进远程协作和跨地区的会议交流。
- 会议室管理。监控系统可以帮助会议室管理人员了解会议室的使用情况，确保会议室的正常秩序和设施维护。

会议室监控系统的使用必须符合相关法律法规和个人隐私保护原则。在使用监控系统时，应提前告知会议参与者有关监控设备的存在，并确保录像和录音的存储和使用符合隐私保护的规定。

## ● 设备机房

设备机房是信息系统的中枢，机房环境必须满足计算机设备、网络设备、存储设备等各种电子设备对温度、湿度、洁净度、电磁场强度、噪声干扰、防漏、电源质量、振动、防雷和接地等的要求，才能保证系统软、硬件和数据免受外界因素的干扰，消除环境因素对信息系统带来的影响。

设备机房主要是部署相关的设备，包括供配电系统、会议设备、视频相关设备、网络设备及其他设备。

供配电系统：包括 UPS 主机、配电柜、配电箱等。

会议设备：包括功率放大器、音频处理器、调音台、电源时序器、视频会议服务器、中央控制主机等设备。

视频存储设备：包括硬盘录像机或视频存储服务器、解码器、流媒体服务器等。

网络设备：包括交换机、路由器、防火墙、光纤收发器等设备。

其他设备：包括拼接处理器、机柜、空调等设备。

## ● 附属设施

监控指挥中心除指挥大厅、设备机房外，还包括会商室、值班休息室等附属设施。

## 会商室

会商室是相关领导、专家、指挥员和其他有关各方进行会商和讨论的场所。会商室包括屏幕显示区、会议区、控制区，由屏幕显示系统、视频会议系统、音响系统、中控系统等组成。

## 值班休息室

值班休息室是值班值守人员休息区域，应配备电视机、床、座椅等生活设施设备。

## 其他设施

包括照明系统、空调系统、门禁系统、会议桌椅等其他辅助设施设备。

## 第六章
## 防火隔离带开设装备

本章
视频资源

　　隔离带开带机是开辟森林防火阻隔带的机械，主要用于维护森林防火阻隔带、林区道路、河流应急开设阻隔带及应急防火通道开辟等施工，也适用于灌木丛清理、防火隔离带修整，是建设森林防火阻隔系统的现代化机械。

# 一 隔离带开带机（驾驶和遥控）

本节
数字资源

攀登者遥控
隔离开带机

## LV800 型遥控隔离开带机

### 性能特点

LV800 型遥控隔离开带机体积小、重量轻，可直升机吊运，快速抵达火场。遥控半径高达 150m，操作性能稳定、简单易行，有效弥补大型机械地形受限、割灌机作业效率低、危险系数高等问题。履带式底盘，可适应复杂地形作业，履带延伸功能，工作重心低，可在 60° 斜坡自如作业。工作可选配多种刀具，满足森林防灭火、道路救援、修剪道路边坡、清理堤坝杂草灌木等多工况作业，同时配备液压耦合系统，可快速更换作业刀具。配备有应急绞盘及拖挂点，可以牵引其他设备。使用可逆风扇进行水冷，同时能自动清洁散热器上的草木屑，保证机器的长时间持续工作。

### 技术参数

| 主机尺寸（长 × 宽 × 高） | 2430mm × 1510mm × 1190mm |
|---|---|
| 主机重量 | 1700kg |
| 轮距延伸 | 400mm |
| 最大爬坡作业角度 | 60° |
| 机具侧移 | 500+550mm |
| 发动机类型 | 科勒涡轮增压发动机 |
| 发动机最大功率 | 55kW/75.5HP |
| 液压油箱容量 | 32L |
| 油箱容量 | 52L |
| 速度 | 9km/h |

### 主要结构组成

LV800 型遥控隔离开带机是一款新型自动化森防装备，主要应用于森林防灭火、火场救援、火场看守等作业场景，能够适应多种地形环境，是防灭

# 第六章 防火隔离带开设装备

柴油发动机
刀具工作头
自动清洁系统
履带底盘

火作战中的全能战士。主要由三缸柴油发动机驱动、液压履带底盘、刀具工作头、自动清洁系统（自动清理散热器上的草木屑）等部分组成。

## 适用场景

在森林防灭火中可清理林下可燃物，开设防火隔离带，快速打通火场应急救援、物质运输、安全逃生通道。开设紧急避险场地。在清理火场中可开设生土隔离带、清理火点烟点防止复燃、推倒站杆倒木。

## 注意事项

- 未经专业培训或操作不熟练者严禁使用机器。
- 启动前需要检查燃料是否充足，各部分润滑是否良好。
- 作业时要密切注意火场风向变化，防止火势突变，造成机器烧毁或人员伤亡。
- 做好机器保养工作。
- 作业结束后，应清理刀具上的淤泥和杂草。
- 定期检查刀具磨损情况，磨损严重的零部件应及时更换。

如遇到上述未提及的情况，请严格参照产品使用手册操作。

森林草原消防装备

森林防火隔离带林木开设机

# SWFB80P 森林防火隔离带林木开设机

SWFB80P 森林防火隔离带林木开设机短小精悍，具备高机动，高通过性，大爬坡度，是建设森林防火阻隔系统的现代化机械。

### 性能特点

- 高通过性。选用高速履带底盘，采用闭式静液压驱动，装配可调式油气悬挂，配备大功率发动机，在复杂地形条件下具有良好的机动、越野及通过性能。
- 高临场感。配备高清摄像头、高精度传感器，根据工作特性建立合理的运动学和动力模型，保证近程、远程操控的低延时、高精度与高临场感。
- 一机多能。可适配多款不同功能属具，实现高效林木锯切、深度除杂除草、翻填转运等专业隔离带开制功能。

## 技术参数

| 整机转场尺寸（长 × 宽 × 高） | 6310mm × 2520mm × 1720mm |
|---|---|
| 整机重量 | 8350kg |
| 最大行驶速度 | 20km/h |
| 最大爬坡角度 | 30° |
| 最大工作高度范围 | 3930mm |
| 最大拓荒宽度 | 2286mm（拓荒机属具） |
| 最大夹持力 | 20kN（液压夹钳属具） |
| 最大锯切宽度 | 1524mm（水平锯属具） |
| 总开张高度 | 1225mm（抓木斗属具） |
| 遥控距离 | 2000m |
| 发动机功率 | 180kW/2200r |

## 适用场景

适用于日常维护森林防火阻隔带、林区道路、河流应急开设阻隔带及其开辟应急防火通道等工况施工，特别适合山地、丘陵等复杂地形的行驶，可实现伐木、除杂、清理、破碎、障碍搬运等功能，适合于通道抢修抢建、路面清理平整、砍伐物转运和平时隔离带开设等工作。

# 二 | 多功能开带机

本节
数字资源

轮履两用多
功能开带机

## 轮履两用多功能开带机

### 性能特点

轮履两用多功能开带机,通过加装车桥与车轮,轮式行走机构,实现了开带机以 25km/h 的时速行驶,无需依赖平板车托运,机动灵活,转场速度快。新增的轮式行走装置,可实现履带行走和车轮行走的模式切换,满足山地、滩涂地、湿地等不同行驶路况的移动。在原来挖掘机的基础上,上车回转平台提升 160mm,满足了接近角和离地角 20°的设计要求。轮式机构托起后,将传统挖机底盘离地间隙提高到 410mm,大大提高了整车在特殊地形中的通过性。开带机的前端工作装置,除了配备开带机属具,还可选配液压剪、破碎锤、液压夹等属具,实现剪切、冲击破碎、抓取等多功能,作业范围更广。

### 技术参数

| 整机转场尺寸(长×宽×高) | 8540mm×2512mm×4740mm |
|---|---|
| 发动机 | 高压共轨、水冷、四冲程、增压柴油发动机 |
| 轮式行走速度 | 25km/h,12km/h |
| 履带式行走速度 | 5.3km/h,3.2km/h |
| 接近角/离去角 | 20° |
| 开带最大破碎直径 | φ250/φ120 |
| 开带切割宽度 | 1550mm,1000mm |
| 最大开带高度 | 8500mm |
| 最大开带深度 | 8100mm |

# 第六章 防火隔离带开设装备

## 主要结构组成

SWRM155W 轮履两用多功能开带机基于挖掘机的平台，开发的一款产品，除去传统挖掘机的动力装置、回转机构、履带行走机构和动臂斗杆结构外，新增了轮式行走机构，以及前端工作装置，从而满足不同路况和不同作业环境的要求。

## 适用场景

可用于日常维护森林防火阻隔带、林区道路、河流应急开设阻隔带及其开辟应急防火通道等工况施工，适用于灌木丛的清理、火烧迹地、林间道路的开辟和修整防火隔离带。

## 注意事项

- 未取得相应驾驶证或未经培训禁止驾驶和使用车辆。
- 作业前进行检查，确认一切齐全完好，动臂和工作装置运动范围内无障碍物和其他人员，鸣笛示警后方可作业。
- 配合开带机作业，进行清底、平地、修坡的人员，须在其回转半径以外工作。若必须在回转半径内工作时，开带机必须停回转，并将回转机构刹住后，方可进行工作。同时，机上机下人员要彼此照顾，密切配合，确保安全。
- 开带机回转时，应用回转离合器配合回转机构制动器平稳转动，禁止急剧回转和紧急制动。
- 挖掘机在工作中，严禁进行维修、保养、紧固等工作，工作过程中若发生异响、异味、温升过高等情况，应立即停车检查。
- 臂杆顶部滑轮的保养、检修、润滑、更换时，应将臂杆落至地面。
- 开带机行走时候，如果遇到电线、交叉道、管道、桥梁时，必须有专人指挥，开带机与高压线的距离不得少于5m，且尽量避免倒退行走。
- 定期检查开带机属具磨损情况，磨损严重的零部件应及时更换。

如遇到上述未提及的情况，请严格参照产品使用手册操作。

# 第七章
## 应急救援装备

本章
视频资源

# 一 消防自救呼吸器

本节
数字资源

## 化学氧消防自救呼吸器

化学氧消防
自救呼吸器

化学氧消防自救呼吸器由防护头罩(含面罩、大眼窗)、生氧罐、脖套及固定带、贮气袋(气囊)以及通气管等构成,是一款全隔绝式、自循环、自生氧、防毒防烟消防自救呼吸器。该呼吸器的生氧罐中存放化学生氧剂,以人体呼出的二氧化碳、水汽与生氧剂发生化学反应,产生氧气供人体呼吸,使人的呼吸器官同大气环境隔绝,防止人体在灾难环境中吸入有害气体中毒或缺氧窒息死亡。包括15型、20型、25型和30型等型号。

### 性能特点

- 无源隔绝式空气内循环再生。采用空间站废气再生技术,实现人体呼出的废气循环转化为新鲜空气,整个过程与外界环境隔绝,提供安全内循环呼吸保障。
- 呼吸温度低,舒适度高。采用军用双回路耦合调温技术,实现了装置内部高效热控,新鲜空气始终处于稳定缓释状态,人员佩戴时会感觉呼吸温度低、舒适度高。
- 体积小、重量轻、携带方便。采用航天环境控制与生命保障技术,应用抗冲击一体化结构设计,实现了高效集成的便携能力,达到体积小、重量轻的优势。

## 技术参数

| | |
|---|---|
| 呼吸温度 | 在防护时间内，15 型吸气温度不应大于 60℃，20 型、25 型、30 型吸气温度不应大于 55℃ |
| 呼吸阻力 | ≤ 600Pa |
| 佩戴重量 | ≤ 1.5kg |
| 使用环境温度 | 0～60℃ |
| 安全防护时间 | ≥ 20min（20 型）/30min（30 型） |
| 有效期 | 4 年 |

## 适用场景

用于消防、化工、煤矿、安全生产等领域的应急逃生。

## 注意事项

- 佩戴自救器撤离灾区时要注意口具和鼻夹一定要咬紧夹好，绝不能中途取下口具和鼻夹。
- 佩戴时不要压迫气囊，以防损坏漏气。
- 佩戴自救器要求操作准确迅速，使用者必须经过预先训练，并经考试合格方可配备。

## 二 防护面罩

本节
数字资源

森林消防员
防护面罩

### 森林消防员防护面罩

面罩整体由芳纶头套、硅胶半面罩和湿式防护滤芯（滤毒管或滤毒盒）组成，是一种用于在火灾中逃生的个人防护呼吸保护面罩，可以在发生火灾时对佩戴者的呼吸器官、眼睛和面部皮肤提供一定的防护作用。该面罩可过滤燃烧时产生的浓烟，降低进入呼吸道的空气温度，以及阻隔辐射热和对流热。

#### 性能特点

- 湿式防护滤芯过滤件的滤烟性能：预处理前≥97%，预处理后≥96%。
- 湿式防护滤芯过滤件的降温性能较好，在空气流量高于35L/min、空气温度高于85℃时，经过滤芯后温度低于40℃，并维持不少于10min。

#### 适用场景

可为森林消防员在恶劣的森林火场环境提供一种高效的个人防护装备。

#### 注意事项

- 使用前，应先检查其完整性，以确保其安全可靠。
- 使用时，应注意保持良好的空气流通，避免呼吸受阻，确保呼吸正常。
- 使用时间不宜过长，以免影响其使用性能。
- 使用完后，应立即拆卸，将其放置在干燥通风处，以防止细菌滋生。

## 三 森林消防员防护头盔

本节
数字资源

## 森林灭火防护头盔

森林灭火
防护头盔

### 性能特点

- 强度高、抗老化（5年以上）、耐高温、防腐蚀（耐酸、耐碱）。
- 防护面积扩大到0.13m²，可对两侧及脑后给予更多防护。
- 重量轻，较传统头盔减轻250~300g，整体盔型轻巧，给头部减重。
- 采用四点悬挂佩戴装置和调节旋钮，使帽带与脸部更服帖，更好适配不同头型。
- 具有较强的拓展功能，可加装护目镜、微型防暴手电、夜视仪，有效地解决了复杂环境中的各种需求。

### 技术参数

| 型号 | 15型 |
|---|---|
| 盔型 | 3/4盔 |
| 壳体材料 | 碳纤维复合材料 |
| 尺码（宽/长） | 56~60cm/58~62cm |
| 悬挂带可调节长度 | 505~580mm |
| 重量 | 750±50g |
| 应用标准 | GB/T2811-2019、WSHB0001-2017 |

### 适用场景

适用于森林消防、抢险救援等应用环境。

森林草原消防装备

## 森林灭火智能防护头盔

智能安全帽

森林消防智能头盔具有定位、照明、音视频通话、SOS 求援、电子围栏、轨迹回放、人脸识别、AI 语音、对讲功能、有害气体探测、红外探火、报警功能等 12 大功能。能够实现快速采集火场信息，精确定位火场位置，准确掌握防火巡护及火灾扑救工作人员工作环境及工作状态，有效辅助防火指挥决策。

### 技术参数

| 基本功能 | 选配功能 |
| --- | --- |
| 系统 | Android 10 |
| 防护等级 | IP66，抗 2m 跌落 |
| 内存 | RAM 3GB，ROM 32GB |
| 摄像头 | 高清像素，120°视角 |
| 电池 | 3800/5000mAh |
| 工作温度 | -10～60℃ |
| 支持 | WIFI、Bluetooth、SIM 卡（最高支持 512G） |
| 传感器 | 陀螺仪，重力传感器 |

本节
数字资源

## 四 登山助力器

### 登山助力器（消防外骨骼）

登山助力器

  登山助力器（消防外骨骼）是一种实现对人体运动机能进行增强的智能装备，是人与装备的有机结合，依托电液一体化能源、仿生结构设计、高效电池管理等技术，发挥人机协同的优势，减轻工作负荷，提升背负负载能力和耐久力。主要由支架系统、液压系统、电气系统、传感网络系统以及背负负载或扩展模块等组成。

  该装备能够辅助消防官兵突破身体运动机能上限，合理分配负载，有利于缓解肩部压力，保持长久战斗力，降低因疲劳性损伤造成的非战斗性减员，调解负重机动和体能限制之间的矛盾。

### 技术参数

| 自重 | ≤ 6kg |
|---|---|
| 负载能力 | ≥ 25kg |
| 适应身高 | 165～185cm |
| 支撑负重奔跑 | 15km/h |
| 耗氧量 | 降低 8%；产品 |
| 穿戴时间 | ≤ 30s |
| 解脱时间 | ≤ 10s |

### 适用场景

适用于山野林地、森林草原等多地区长距离负重行走。

### 注意事项

- 当排除故障时，必须切断电源。
- 注意潮湿的地区，防止发生触电事故。

本节
数字资源

## 五 净水装备

按对水的使用要求对野外水质进行深度过滤、净化处理的水处理设备，是指非家庭使用的水净化装置，其技术核心为滤芯装置中的过滤膜，主要技术来源于超滤膜、RO 反渗透膜、纳滤膜 3 种。主要有单兵使用水质净化器和移动净水车两种。

### 单兵使用水质净化器

单兵使用的 I01 与 I02 海水淡化器小巧轻便，便于随身携带，能满足保障救灾抢险人员自身用水需求，配合救灾抢险先头部队第一时间抵达受灾核心区域开展救援工作，打通地面救灾抢险通道，提高黄金救援 72h 内的救灾抢险效率。

I01 单兵海水淡化器

I02 单兵海水淡化器

### 性能特点

- 单人便携式、大水量、手动操作。
- 预处理 + 反渗透工艺。
- 主体采用 PA66 复合材料 /ABS。
- 干式膜，存储时间长。
- 模块化设计，可拆卸、可更换、易清洗，降低二次污染风险。

### I01 单兵海水淡化器技术参数

| | |
|---|---|
| 外形尺寸（长 × 宽 × 高） | 200cm × 130cm × 65cm |
| 重量 | ≤1.2kg（净质量） |
| 产生流量 | ≥1L/h（TDS35000mg/L，250C） |
| 脱盐率 | ≥98% |
| 额定产水 | ≥200L（标准配置海水） |
| 水源类型 | 海水、地表水 |
| 去除物质 | 颗粒物、微生物、有机物、盐分 |
| 工作温度 | 40~400℃ |

### I02 单兵海水淡化器技术参数

| | |
|---|---|
| 外形尺寸（长 × 宽 × 高） | 360cm × 95cm × 230cm |
| 重量 | ≤6kg（净质量） |
| 产生流量 | ≥20L/h（TDS35000mg/L，25℃） |
| 脱盐率 | ≥98% |
| 额定产水 | ≥2000L |
| 水源类型 | 地表水 |
| 去除物质 | 颗粒物、微生物、有机物、盐分 |
| 工作温度 | 4~40℃ |

**适用场景**

适用于救灾抢险员自身用水需求，还可用于军事行动、野外科研勘探、户外运动、应急储备以及海上自救等场景。

# 移动净水车

移动净水车也称为车载式水处理设备,由汽车载体和水处理设备组成,是一种移动方便、灵活独立的净水系统,能够对江、河、湖、塘等地面水、地下水和海水、苦咸水进行处理,达到生活用水标准。移动净水车被广泛应用突发性灾害发生时,原有供水系统遭到破坏,无法保证受灾地区人民群众和抢险救灾人员的用水需求(或受灾地区原本就没有供水系统,受灾地区地表水源不符合人员用水保障的最低要求)时的临时供水。该设备能迅速部署到受灾区域,保障受灾群众和抢险救灾人员的用水需求,为抢险救灾工作争取宝贵的时间并提供有理的后勤保障。

净水车

## 性能特点

- 能有效去除水中的细菌、病毒及有害微生物。
- 能高效去除杀虫剂、工业溶剂、消毒剂、农药及消毒副产物和有机化合物。
- 能高效去除铁锈、杂质、异嗅、异味及无机组分中的重金属铅、砷、汞、铬、锰、锑、铀等元素。
- 提供清洁、安全的饮用水。
- 车中搭载的可移动净水设备,自备发电机组,无需外接电源,具有良好的通过性,且产水稳定,能适用多种水质,搭载的模块可根据实际使用情况选配净水模块。

## 技术参数

| 名称 | V01 净水车 | V02 淋浴车 |
| --- | --- | --- |
| 外形尺寸(长×宽×高) | 6000mm×2500mm×2000mm | 800mm×600mm×650mm |
| 产水流量 | 饮用水 1~5t/H(海水、地表水) | 3500~7000L/H(地表水) |
| 动力来源 | 市电/取力发电机 | 市电/取力发电机 |
| 水源类型 | 地表水、地下水、海水 | 地表水 GB3838 规定的 I~III 类水域 |
| 去除物质 | 颗粒物、微生物、有机物、盐分 | 颗粒物、微生物、有机物 |
| 产水水质 | GB/T 5749、GJB651 | CJ/T325-2010 公共浴池水质标准 |
| 工作温度 | 4~40℃ | |

## 净水车模块

净水车

淋浴车

# 便携式水处理装置组（空投系列）

## 性能特点

- 能量增压装置低能耗、低噪音。
- 超亲水、梯度孔结构、无压／低压超高通量的饮用水深度处理聚合物膜材料，水通量性能远超同类膜材料。
- 耐污染地表水／海水 RO 膜活性炭纤维材质，更大的比表面积、更高的吸附容量，去除多种有机物和金属离子。
- 有机物和重金属离子高强度、超轻炭纤维包装材料。
- 可选配多种拓展接口，适配各种使用场景。

便携式能量增压装置

## 技术参数

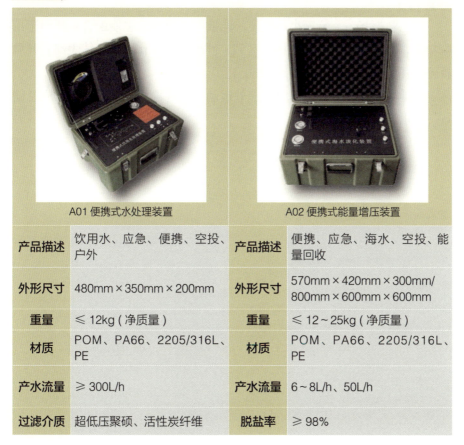

A01 便携式水处理装置　　　　A02 便携式能量增压装置

| | | | |
|---|---|---|---|
| 产品描述 | 饮用水、应急、便携、空投、户外 | 产品描述 | 便携、应急、海水、空投、能量回收 |
| 外形尺寸 | 480mm×350mm×200mm | 外形尺寸 | 570mm×420mm×300mm/800mm×600mm×600mm |
| 重量 | ≤12kg（净质量） | 重量 | ≤12～25kg（净质量） |
| 材质 | POM、PA66、2205/316L、PE | 材质 | POM、PA66、2205/316L、PE |
| 产水流量 | ≥300L/h | 产水流量 | 6～8L/h、50L/h |
| 过滤介质 | 超低压聚砜、活性炭纤维 | 脱盐率 | ≥98% |

（续）

| 动力来源 | 24V/220V/锂电池/太阳能板 | 动力来源 | 24V/220V/锂电池/太阳能板 |
|---|---|---|---|
| 水源类型 | 地表水、地下水、自来水 | 水源类型 | 地表水、地下水、海水 |
| 去除物质 | 颗粒物、微生物、有机物、重金属 | 去除物质 | 颗粒物、微生物、有机物、盐分 |
| 产水水质 | 与A02配套，GJB 651 | 产水水质 | GJB 651 |
| 工作温度 | 4~40℃ | 工作温度 | 4~40℃ |
| 颜色 | 军绿、黑色、支持定制 | 颜色 | 军绿、黑色、支持定制 |

### 适用场景

应急救援场景：装置小巧轻便，能散布式投放，也能配合空降用于抢险救灾，第一时间抵达受灾核心区域，开展救援工作，为后续大部队开展救援打开通道，保障黄金救援72h。

其他应用场景：森林消防、户外运动、野外勘探、军事行动、应急储备、海水淡化等。

# 便携单兵净水装置组（单兵便携系列）

单兵海水
淡化器

## 性能特点

- 集成多种户外配件，外观简洁，功能齐全。
- 配置手动/自动，自吸吸水，操作简单，产水量大。
- 超亲水、梯度孔结构、无压/低压超高通量的饮用水深度处理聚合物膜材料。
- 进口聚砜高分子材料，具有优异的抗氧化性、耐酸碱性以及生物惰性。
- 活性炭纤维材质，更大的比表面积、更高的吸附容量，去除多种有机物和重金属离子。
- RO/NF 耐污染地表水膜，具高脱盐率。

## 技术参数

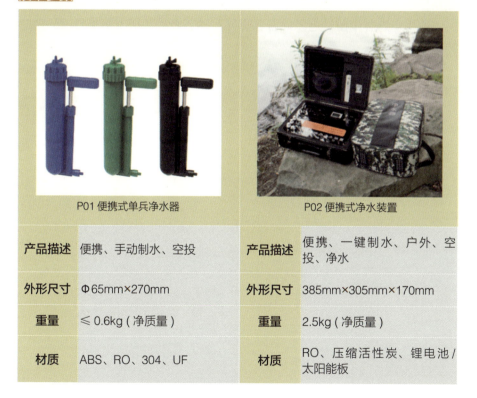

P01 便携式单兵净水器　　　　P02 便携式净水装置

| | P01 | | P02 |
|---|---|---|---|
| 产品描述 | 便携、手动制水、空投 | 产品描述 | 便携、一键制水、户外、空投、净水 |
| 外形尺寸 | Φ65mm×270mm | 外形尺寸 | 385mm×305mm×170mm |
| 重量 | ≤0.6kg（净质量） | 重量 | 2.5kg（净质量） |
| 材质 | ABS、RO、304、UF | 材质 | RO、压缩活性炭、锂电池/太阳能板 |

（续）

| | | | |
|---|---|---|---|
| 产水流量 | ≥ 250ml/min | 产水流量 | ≥ 10L/h |
| 脱盐率 | ≥ 98% | 脱盐率 | ≥ 98% |
| 额定产水 | ≥ 7000L | 额定产水 | ≥ 3000L |
| 水源类型 | 地表水 | 水源类型 | 地表水 |
| 去除物质 | 颗粒物、微生物、有机物、盐分 | 去除物质 | 颗粒物、微生物、有机物、盐分 |
| 产水水质 | GIB 651 | 产水水质 | GIB 651 |
| 工作温度 | 4～40℃ | 工作温度 | 4～40℃ |
| 颜色 | 绿色/黑色/蓝色、迷彩包、支持定制 | 颜色 | 迷彩双肩包、手提航空箱、支持定制 |

**适用场景**

适用于森林消防、应急储备、户外运动、野外勘探、军事行动、应急救灾等。

## 六 应急救援帐篷

### 全天候多用途应急救援帐篷

主要有指挥帐篷和野营帐篷。

**性能特点**

- 针对不同季节冷暖需求，可分别选配加热和制冷模块。
- 针对部队冬季宿营及野外作业生存取暖需求，特别适用于高原和极寒地区的恶劣环境。
- 电加热内篷的取暖系统与现有制式帐篷完全配套并有机结合。
- 采用了柔性电热网格布作为发热体，在棉内篷布的不同位置，设置了多个面状发热点，确保帐篷内温度满足极寒条件下的宿营、办公等需求。
- 电加热棉内篷结合专用地垫有效解决了野外帐篷取暖能耗过高、热转化效率低、局部过热甚至着火等弊端。
- 电加热棉内篷主要材料为150D白色涂铝牛津布，发热系统嵌入到内篷布中，地垫主要材料为双面涂覆聚氯乙烯防水布。

### 技术参数

| 规格 | 30m² | 循环次数 | >50 次 |
|---|---|---|---|
| 内部尺寸 | 5730mm×5310mm×2450mm | 升温时间 | 4h 内可从 -41℃升温至 15℃ |
| 重量 | ≤80kg | 存储时间 | 常温条件下 5 年（60 个月） |
| 材质 | 150D 牛津布、防水布、高分子材料 | 存储极限温度 | -55～70℃ |
| 额定电压 | AC 220V | 工作温度 | -41～20℃ |
| 加热功率 | 降低 8% | 制冷功率 | ≤3kW |
| 架设时间 | ≤5min/6 人 | 制冷时间 | 1h 内可从 45℃降温至 26℃ |
| 设计寿命 | 2.5 年 | 颜色 | 军绿、迷彩，支持定制 |

### 适用场景

适用于军事行动、边海防巡逻、野外驻训、施工勘探、野外科研、户外运动、牧民游牧放牧、应急救灾等高寒/冬季/取暖需求。

# 第八章
## 灭火新材料

本章
视频资源

# 一 新型灭火材料

本节
数字资源

## 环保型高分子凝胶森林火灾灭火剂

### 性能特点

按照水与重量凝胶 1000∶3~5 的比例加入高分子凝胶灭火剂，3min 之内就能形成高效凝胶灭火水剂。将凝胶灭火剂均匀喷洒在固体可燃物上，就能立即在物体表面形成较厚的凝胶薄膜，它能隔绝空气、冷却物体表面、消耗大量的热，将水的利用率提高几十倍，起到有效的阻燃和灭火的效果，可有效扑灭森林、草原以及城市 A 类（固体可燃物）火灾。燃烧后产生的二氧化碳和水蒸气不助燃，无毒性，可自行降解，环保易储存。

一台装有凝胶灭火剂的消防车可发挥 10 台以上普通消防车的灭火效果，在城市 A 类（固体可燃物）火灾及森林、草原火灾中，凝胶灭火剂的阻火效果是水的几十倍。该灭火剂具有高效、环保、节水等特性，灭火过程中附着力强，能隔绝空气，可有效控制一氧化碳等有害气体对人体的伤害，保障人民的生命安全，降低财产损失。

### 技术参数

| 稀释比例 | 0.3%~0.5% |
|---|---|
| 保存温度 | -50~50℃ |
| 保质期 | 5年 |

### 适用场景

适用于森林草原火灾，木材、纸张、枯草、落叶、腐殖质等 A 类火的扑救。

# 环保浓缩型水系灭火剂

### 性能特点

按照水与浓缩水系灭火剂1000∶3重量的比例加入水系灭火剂后,形成灭火剂,可以灌装灭火器,也可适用于消防水车灭火。

### 技术参数

| 稀释比例 | 3% |
| --- | --- |
| 保存温度 | -20℃ |
| 保质期 | 5年 |

### 适用场景

适用于A类(纸、木等一般固体可燃物)、B类(汽油等可燃液体)、C类(天然气等气体类)、E类(带电物质火灾)等多种火灾。

# 环保型全天候高效水系灭火剂

环保型全天候全地域高效水系灭火剂灭火性能高，抗复燃行强，性能稳定，耐储存，耐腐蚀，凝固点低，具有良好的环保性和渗透性。

## 性能特点

- 可迅速扑灭普通的固体材料火（A类）、可燃液体（B类）、气体和蒸汽火（C类）、灭火速度快、抗复燃性强，灭火时具有消除浓烟和迅速降温功能，阻燃隔热达300℃以上。
- 针对汽油、柴油、煤油、汽油与乙醇混合油等液体火灾油极好的灭火效果。
- 灭火后，灭火药剂残留物将会100%降解蒸发，对土壤和水无毒无害、无污染、对人体的呼吸道、眼睛、皮肤、无刺激性。
- 水系灭火药剂可在 –48℃情况下不冻结，在 –48~60℃环境下仍能保持稳定的灭火性能。
- 保质期长达5年以上。

## 技术参数

| 药剂凝固点 | -47℃（-40~55℃） |
|---|---|

## 适用场景

适用于普通的固体材料火（A类森林火、木材、纸张、枯草、落叶、腐殖质）、可燃液体火（B类）、气体和蒸汽火（C类）、带电物质火（E类），对油类等液体火灾，其灭火效果更为突出，适合在各种森林草原火灾、化工厂火灾所使用，亦可应用于固定灭火系统之中。该灭火药剂的最低使用和存放温度可达到 –40℃以下，在此温度条件下仍然保持良好的灭火性能，极为适合在高寒地区使用。

# 余火宝

余火宝

### 性能特点

按照水与AB组分100∶3～10的重量比例加入余火宝AB组分，3min之内就能形成高效阻燃灭火剂。将灭火剂均匀喷洒在固体可燃物上，就能立即在物体表面形成较厚的凝胶薄膜，它能隔绝空气、冷却物体表面、消耗大量的热，将水的利用率提高几十倍，能够大幅地提高可燃物的燃点，达到有效阻燃和灭火的效果，并可有效扑灭森林、草原以及城市A类（固体可燃物）火灾。燃烧后产生的二氧化碳和水蒸气不助燃，无毒性，可自行降解，环保易储存，重量轻，携带方便，可加入单兵喷水装置内，是森林火灾守余火的超级利器。灭火剂可以稀释后用作肥料。

### 技术参数

| 保存温度 | -50～50℃ |
|---|---|
| 保质期 | 5年 |
| 稀释比例 | 3%～10% |
| 重量 | 300g |

### 适用场景

适用于森林火、草原火、木材、纸张、枯草、落叶、腐殖质等A类火的扑救。

# 高效环保阻燃液

灭火阻燃液是一种重要的防、灭两用消防产品，主要由碱土金属盐、硼酸、活性炭、空心微珠、水溶胶、渗透剂、尿素等原料合成。具有显著的生物活性，对林草、昆虫生长及生态系统不产生任何危害。

## 性能特点

- 阻燃效果显著。附着能力强，经过阻燃液喷洒处理的树木，无明火燃烧现象能维持3个月之久，在起火环境下喷洒，能使起火处在几秒钟内有效熄灭。
- 稳定性好。技术先进，性能优良，抗风蚀雨淋，尽干夜湿，抗寒性能优异，在-45℃极寒环境中不会凝固结冰。
- 绿色环保无毒无害。工艺独特、无毒、无挥发性、无污染、无腐蚀性，符合绿色环保要求。对森林植物和其他生物的生命活动都无明显影响，也无生命危害。

## 适用场景

- 建立森林生态保护带。在火灾高发地带以及，通过重载无人机喷洒阻燃液形成适当宽度面积的森林生态保护带，可有效防止火情出现，同时对动植物生长不产生任何影响。
- 阻隔火势蔓延。在已经发生火灾的火场周围，围绕火场喷洒阻燃液建立适当宽度面积的防火隔离带，可起到包围火场的作用，有效阻隔火势的蔓延。
- 开辟安全区。在火灾现场或发生火情的情况下在圈定的目标区域边沿，喷洒阻燃液建立适当宽度面积的防火隔离带，可避免目标区域遭受大火波及袭扰。

**注意事项**

- 存储方式：蓝色塑料桶独立包装，每桶重量 25kg。
- 贮存条件：置于通风、阴凉、干燥的仓库内保存，不得与有毒、有害的物品共同存放，产品如需码放不得超过 3 层。在上述条件下，保质期为 3 年。
- 运输事项：禁止重压、倒置、雨淋，不得与食物混装、混运；搬运过程中应轻拿、轻放，不得抛摔。
- 使用形式：使用专业的机具进行防火火作业。

## 二 | 新型灭火装置

本节
数字资源

投掷型灭火
逃生瓶

### 投掷型灭火逃生瓶

**性能特点**

外包装采用背包式尼龙保护袋或放置于挂壁式ABS树脂盒内，其外观与普通的矿泉水瓶大小、重量相近。

直接投掷灭火或用水适量稀释灭火。

**技术参数**

| 主要成分 | 食品添加剂及药品添加剂等，稀释后可用作肥料 |
|---|---|
| 凝固点 | -48℃ |
| 药剂容量 | 600ml / 瓶 |
| 瓶体材料 | 硬质特种树脂 |

**适用场景**

适用于扑灭屋内外初起火源，打开逃生通道。

# 超低温高效森林灭火专用水系自动灭火装置

超低温高效
森林灭火
装置

## 性能特点

- 快速降温和灭火迅速。灭火剂能把水表面张力降低,迅速增加水珠的表面积从而增大水的覆盖范围,增加润湿表面积,扩大蒸发面积,同时增强水的渗透力及渗透程度,使水迅速渗透到可燃物质的内部,能够快速降低着火物表面和内部的热量,这种内外同时降温的效果可在数秒之内使着火物的温度从 900 多℃降到 40℃左右,从而达到快速灭火的目的。
- 防止复燃。灭火剂对燃烧物的碳链结构进行破坏,将碳粒、碳氢化合物分离成小的微粒并将各微粒包裹起来,将碳氢化合物乳化,从而完全破坏燃烧物质的燃烧条件,迅速扑灭火灾的同时实现了抗复燃的目的。
- 控制有害气体挥发。灭火剂在灭火的过程中形成一层厚而稳定的泡沫,该泡沫层密度大,不易被风吹散,能紧密覆盖在可燃物的表面。同时泡沫下层形成一层乳膜,起到彻底隔绝空气阻止物体继续燃烧和防止有害气体挥发的作用。

- 新型环保。灭火剂无毒无害，无腐蚀性，有利于生物降解，对大气环境无污染，灭火后利于清洁。
- 使用温度低，凝固点低至 –48℃对其性能无影响，真正做到全天候使用。

### 技术参数

| 森林专用水系灭火剂型号 | S-100-AB(H9000) |
|---|---|
| 保存温度 | -48～50℃ |
| 保质期 | 3 年 |

### 适用场景

适用于森林火、木材、纸张、枯草、落叶、腐殖质场景。

# 第八章 灭火新材料

## 随手灭

"随手灭"可放置于森林检查站口、旅游景区垃圾桶旁等容易着火地点。

### 性能特点

- 可迅速扑灭普通的固体材料火（A类）、可燃液体(B类)、气体和蒸汽火（C类）、灭火速度快、抗复燃性强，灭火时具有消除浓烟和迅速降温功能，阻燃隔热达300℃以上。
- 针对汽油、柴油、煤油、汽油与乙醇混合油等液体火灾油极好的灭火效果。
- 灭火后，灭火药剂残留物将会100%降解蒸发，对土壤和水无毒无害、无污染、对人体的呼吸道、眼睛、皮肤、无刺激性。
- 水系灭火药剂可在 –48℃情况下不冻结，在 –48～60℃环境下仍能保持稳定的灭火性能。
- 保质期长达5年以上。

### 技术参数

| 产品型号 | S-100-AB（H9000） |
|---|---|
| 产品包装 | 塑料瓶 |
| 保存温度 | -40～50℃ |
| 保质期 | 5年 |
| 容量 | 2L |

### 适用场景

适用于普通的固体材料火（A类森林火、木材、纸张、枯草、落叶、腐殖质）、可燃液体火（B类）、气体和蒸汽火（C类）、带电物质火（E类），对油类等液体火灾，其灭火效果更为突出，适合在各种森林草原火灾、人群密集场所、守余火等火灾使用。

# 《森林草原消防装备》

## 支持单位

北京华辰北斗信息技术有限公司
海世达应急装备（浙江）有限公司
杭州驰丰智能装备有限公司
中国航天科工集团第二研究院二〇六所
北京科力恒消防装备有限公司
大连保税区荣昌消防设备工程有限公司
哈尔滨松江拖拉机有限公司
泰州市玉林动力机械有限公司
天津盛安消科科技有限公司
湖北江南专用特种汽车有限公司
绿友机械集团股份有限公司
深圳市慧明捷科技有限公司
杭州海康威视系统技术有限公司
航天时代飞鹏有限公司
沧州凯鼎机械设备有限公司
西安智屏安防设备有限公司
航天宏图信息技术股份有限公司
中国兵器工业集团江麓机电集团有限公司
郑州林机机械设备有限公司
山东吉孚消防科技有限公司
中国卫通集团有限公司
成都讯翼卫通科技有限公司
山河智能特种装备有限公司
四川百援消防设备有限公司
青岛固德复材科技有限公司
深圳市道通智能航空技术股份有限公司
哈尔滨旺林森林消防科技有限公司
重庆驼航科技有限公司
北京国林通科技服务有限公司
北京森林草原科技中心
知晓（北京）通信科技有限公司
徐州伊曼哲斯智能装备有限公司